卒論・レポート
Word活用術

桑井 康行 著

Ohmsha

はじめに

本書をお読みいただき、ありがとうございます。著者の桑井康行です。

本書は、以下の大学生・大学院生を対象に制作しました。

● まだレポートを書いたことがない新入生
● 毎日レポート課題に追われていて、もっと効率良く執筆したい学生
● 「なんとなく書いて、提出して、とりあえず単位をもらう」がクセになっている学生
● もうすぐ卒業論文・修士論文を書くけれど、不安でいっぱいな学生

あなたがこの中に当てはまっていたら、ぜひ本書を読んでいただきたいです。

大学では、レポートの書き方をほとんど教えてもらえない

「なんだかレポートをうまく書けないな…」と感じている学生は多いです。私自身そう感じていました。大学で教わるレポート作成の知識のほとんどは、体裁や参考文献の書き方などの表面的なものです。具体的なレポート作成の手順や文献収集の方法が提示されていません。そのため、「学期末のレポート課題が出たけれど、何から手を付ければいいのかわからない…」と戸惑ってしまいます。結局、多くの学生が「なんとなく、自己流」でレポートを書いています。本来は、レポートの構成方法・論文の読み方・Word の活用方法など、レポート執筆に欠かせない土台を学ぶ機会があることが望ましいです。

本書を読んで、高品質なレポートを効率良く作成しよう

本書は、高品質なレポートを効率良く作成する方法を具体的に解説しています。レポートを作成する思考過程や、文献の探し方・読み方を知ることで、これまで「なんとなく」しか知らなかったレポートの執筆手順が明確になります。
さらに、Word の活用方法を知ることで、面倒な作業を自動化して、美しいレポートを効率良く作成できます。

本書の構成

本書では、執筆時点で大学院生の私自身が「学部生のときに教えてほしかった！」と思う内容を紹介しています。各節では、学生の悩みに講師が答えるという構成にしました。実際によく使う場面を厳選したので、きっと読者のあなたも「それを知りたかった！」「マジで使える！」と感じられるでしょう。
第 1 章では、「内容が充実して読みやすいレポート」を書くために欠かせない考え方をお伝えします。大学ではほとんど教わることがない「暗黙の了解」を説明します。
第 2 章では、文献の具体的な探し方や読み方を紹介します。論文を読むことに苦手意識のある学生も、きっと論文の内容を理解できるようになるはずです。
第 5 章以降では、Word で数式や図表を効率良く扱う方法を紹介します。ここで紹介す

るWordの自動化機能は、卒論などの長大な文書を執筆するときに、特に重宝します。

本書を最初から順に読んでいくのも良いですし、「これはどうやるんだっけ？」と困ったときに、すぐに手元で確認できる「レポート執筆の駆け込み寺」として活用してもらうのも良いです。

読者のあなたへ

大学生はレポートを書く機会が多いです。卒業論文や修士論文も膨大で、かなりの労力を必要とします。「レポートを書くのがキツいなぁ…」と感じることもあるでしょう。しかし、レポート執筆は「無意味な苦行」ではありません。自分自身の考えを深めて、これまでにない新しい知見を導く、とてもクリエイティブな活動です。

本書でレポートの基本やWordのコツを学ぶことで、良い意味で「楽」をして質の高いレポートを執筆できるようになります。

読者のあなたが、快適に効率良くレポートを執筆するとともに、部活やサークル・研究・アルバイト・起業など、今しかできない充実した学生生活を送れることを、心から願っております。

謝辞

本書を完成させるにあたり、多くの方々にご助力をいただきました。ここに心より感謝申し上げます。

まず、本書の出版にあたり、ご尽力いただいた編集者の皆様に深く感謝申し上げます。また、本書の校正・デザイン・組版を担当していただいた皆様にも、心より感謝申し上げます。

さらに、本書の執筆にあたり、たくさんのご助言やご協力をいただいた、早稲田大学創造理工学部環境資源工学科 准教授 上田匠先生、元早稲田大学理工センター技術部 伊東克己様、岡山大学 学術研究員環境生命自然科学学域 教授 池田直先生、東京農工大学工学部知能情報システム工学科 矢田部浩平先生、早稲田大学出版部 武田文彦様、大学院の同期の髙坂將太さん、松家京平さん、古作吉宏さん、稲垣誠也さん、ほか、多くの方々にも、心より感謝申し上げます。

本書が、少しでも多くの方々の手に届き、お役に立てば幸いです。

　2023年8月

桑　井　康　行

目　次

はじめに ……………………………………………………………………………………… iii

第 1 部　レポートの書き方

第 1 章　論文・レポートを書き始める前に

01　レポートの悩みと本書の読み方 …………………………………………… 4
02　なぜレポートを書くのか？ ………………………………………………… 7
03　良い論文・レポートの特徴 ………………………………………………… 10
04　レポートを書く手順 ………………………………………………………… 14
05　レポートの構成を考えよう ………………………………………………… 17
06　レポートの構成例 …………………………………………………………… 19
Column　アウトラインの作成に特化した Dynalist ………………………… 24

第 2 章　文献の探し方・読み方・管理方法

01　論文・文献を探そう ………………………………………………………… 30
02　初めての論文の読み方 ……………………………………………………… 34
03　論文を読む手順 ……………………………………………………………… 37
04　文献引用のルールを理解しよう …………………………………………… 40
05　簡易的に参考文献を管理しよう …………………………………………… 43
06　Mendeley で参考文献を管理しよう ……………………………………… 47
07　Mendeley で参考文献を引用しよう ……………………………………… 50
08　引用スタイルをカスタマイズしよう ……………………………………… 52

第 3 章　日本語入力を快適にしよう

01　Google 日本語入力で快適に ……………………………………………… 54
02　かな入力で、半角英数字を入力しよう …………………………………… 56
03　句読点をピリオドやカンマにしよう ……………………………………… 58

第 4 章　効率良く仕上げる

01　見直しの重要性 ……………………………………………………………… 62
02　誤字脱字を発見しよう ……………………………………………………… 64
03　スッキリした画面表示で見直そう ………………………………………… 66
04　コメント機能で添削メッセージを残そう ………………………………… 68

第2部 Word の活用術

第5章 美しい Word レポート執筆の基本

01 やってはいけない書き方 ……………………………………………………… 74
02 Word の基本用語を知ろう …………………………………………………… 78
03 段落と行を理解しよう ………………………………………………………… 80
04 編集記号を表示しよう ………………………………………………………… 81
05 スタイル機能で文書全体を美しく統一しよう ……………………………… 82
06 レポートテンプレートを活用しよう ………………………………………… 87
07 見出し番号を設定しよう ……………………………………………………… 90
08 見出しのスタイルをカスタマイズしよう …………………………………… 93
09 良いフォントを選ぼう ………………………………………………………… 98
10 改ページと段落内改行で、ページ・行を切り替える ……………………… 102
11 箇条書きを使いこなそう ……………………………………………………… 104
12 ページ番号を付けよう ………………………………………………………… 106
13 目次を作成しよう ……………………………………………………………… 110
14 PDF に変換しよう ……………………………………………………………… 112

第6章 ショートカットキーを活用しよう

01 ショートカットキーを使いこなそう ………………………………………… 116
02 厳選ショートカットキー一覧 ………………………………………………… 119

第7章 数式

01 数式の書き方のルール ………………………………………………………… 124
02 数式を高速で入力しよう ……………………………………………………… 126
03 複雑な数式を入力しよう ……………………………………………………… 132
04 等号を揃えよう ………………………………………………………………… 135
05 数式番号を設定しよう（1）簡易的に手入力 ……………………………… 138
06 数式番号を設定しよう（2）順番を変えても自動更新 …………………… 140
07 数式番号の相互参照 …………………………………………………………… 145
08 化学式 co2 → CO_2 に一発変換 …………………………………………… 149
09 Excel の指数 E+04 → × 10^4 に一発変換 ………………………………… 152
Column 数式を画像から瞬時に読み取る Mathpix ………………………………… 156

第 8 章　図

01	図の基本を理解しよう	158
02	文字列の折り返しをマスターしよう	160
03	複数の図をきれいに並べよう	162
04	図のサイズを調整しよう	164
05	図番号を設定しよう	166
06	図番号を相互参照しよう	170
07	PC 画面のスクショを撮影しよう	172

第 9 章　表

01	表の基本を学ぼう	174
02	表の罫線を自動設定しよう	176
03	表がページをまたがない	178
04	表の幅を調整しよう	180
05	表の数値を小数点で揃えよう	182
06	表番号を設定しよう	184
07	表番号を相互参照しよう	188

第 10 章　より便利な発展ワザ

01	タブ機能で位置をビシッと決めよう	192
02	インデントと字下げ・ぶら下げを理解しよう	195
03	用紙の向きを一部分だけ変更しよう	198
04	カーソル移動・文字列の選択	199
05	複数ファイルに分割して執筆しよう	201
06	表の罫線スタイルを自力で設定しよう	205

付　録	レポート見本「電気自動車は、本当に環境に優しいのか？」	207
索　引		216

第1部

レポートの書き方

第1章

論文・レポートを
書き始める前に

01 レポートの悩みと本書の読み方   4

02 なぜレポートを書くのか?   7

03 良い論文・レポートの特徴   10

04 レポートを書く手順   14

05 レポートの構成を考えよう   17

06 レポートの構成例   19

Column アウトラインの作成に特化したDynalist   24

 レポートの課題が出たのですが、正直何を書けばいいのかわかりません…。

 レポートを書くのは難しく感じますよね。
まずは「何に困ってる？」を整理しましょう。

大学のレポート課題に悩む学生は多いです。ここでは、レポート執筆時に遭遇する代表的な悩みを挙げて、解決策の概要と、本書の読むべき箇所を紹介します。

レポートの「そもそも」編

▶ 何のためにレポートを書くのかわからない
→「なぜレポートを書くのか？」 参照 p.7 を読みましょう。
レポートを書く目的は「問いに対する答えを導く過程を、相手に伝える」ためです。レポート執筆は、これまで未解明だったことに対して、新たな知見を得られるクリエイティブな活動です。レポートを書く意義を理解すれば、きっとその面白さがわかります。レポート執筆を「苦行」ではなく「楽しくて学びの深い活動」にしましょう。

▶ レポートで良い評価をもらえない
→「良い論文・レポートの特徴」 参照 p.10 を読みましょう。
良いレポートの特徴を理解することで、内容が充実して、読み手にとって読みやすいレポートになります。「あなた独自の考えを論理的に説明した、読みやすいレポート」なら、きっと高評価がもらえるはずです。「自分ではうまく書けたつもりだったのに、評価が良くなかった…」という残念な結果を防ぎましょう。

▶ レポートを書く手順がわからない
→「レポートを書く手順」 参照 p.14 「レポートの構成を考えよう」 参照 p.17 を読みましょう。
レポートを書く手順をきちんと学ぶことで、効率良くレポートを執筆できます。レポートを執筆する大まかな流れは、「問いを立てて、全体の構成（アウトライン）を作ってから、情報を集めて、本文を執筆する」です。一見回りくどく感じるかもしれませんが、レポート執筆の全体像を予め俯瞰して見ることで、質の高いレポートをスムーズに執筆できます。レポートを書く最短ルートを学びましょう。

レポートを書く前に 第1章

文献を探す・読む 第2章

快適な日本語入力 第3章

効率良く仕上げる 第4章

レポートの基本 第5章

ショートカットキー 第6章

数式 第7章

図 第8章

表 第9章

発展ワザ 第10章

参考文献の調査・管理編

▶ 文献の探し方がわからない

→ 「論文・文献を探そう」 参照 p.30 を読みましょう。

レポートには、信頼性の高い情報である学術情報を参考文献として使います。単にインターネットで検索するのではなく、学術情報に特有の検索方法を紹介します。信頼できる学術情報を参考にして、あなたのレポートの説得力を増強させましょう。

▶ 論文の読み方がわからない

→ 「初めての論文の読み方」 参照 p.34 「論文を読む手順」 参照 p.37 を読みましょう。

「論文は難しそうだから読む気になれない」と感じる学生は多いでしょう。実は、論文の概要を理解するのは、そこまで難しくありません。ポイントを絞って読み、適切にまとめれば、大学1年生からでも論文の概要を十分に理解することができます。論文は、研究成果を全世界に発信するための世界共通のツールです。たくさんの論文を読んで、その分野の基礎から最新情報までを掴みましょう。

▶ 参考文献の管理が面倒くさい

→ 「Mendeley で参考文献を管理しよう」 参照 p.47 「Mendeley で参考文献を引用しよう」 参照 p.50 を読みましょう。

多数の論文を参考にすることで、あなたのレポートの説得力を高めることができます。しかし、大量の論文を管理するのは大変です。また、参考文献リストを1つひとつ手入力するのも面倒です。そこで、参考文献管理ツールの Mendeley を活用するのがおすすめです。Mendeley は、論文の PDF や書誌情報を一括で管理することができます。さらに、参考文献リストも自動で作成できます。Mendeley を活用して、研究や執筆の効率をグッと高めましょう。

Wordの操作編

▶ Word の基本操作には別に困ってないけど…？

→ 「やってはいけない書き方」 参照 p.74 を読みましょう。

現代の学生は、幼い頃からパソコンやスマホに触れており、デジタル機器の操作には慣れている人が多いです。読者のあなたは、「レポートは書いたことあるし、Word について特に困っていない」と思っているかもしれません。ところが、実際は「そもそも Word に便利な機能があることを知らない」という学生が大半です。そこで、一度初心に返って、Word の基本を理解しましょう。本書では、「加筆修正しても、面倒な修正が不要なレポート」を作成する方法を紹介しています。この作成方法を身に付けることで、普段のレポートや長大な卒業論文を、圧倒的に効率良く執筆することができるようになります。

▶ 美しく読みやすいレポートを作成したい

→「レポートテンプレートを活用しよう」 参照 p.87 「良いフォントを選ぼう」 参照 p.98 を読みましょう。

レポートの「見た目」を良くすることで、読み手は内容に集中できます。本書では、**筆者のWebサイト（https://www.paca-learn.com）にて無料でダウンロードできるレポートテンプレートを用意しました。このテンプレートを使えば、シンプルで美しく、機能的なレポートを作成できます。見出しの番号を自動で表示したり、表の罫線を自動で美しく整えたりすることができます。ぜひ活用してください。

▶ 数式の入力に時間がかかる

→「数式を高速で入力しよう」 参照 p.126 を読みましょう。

Wordの数式を入力するときに、マウスで数式や記号を1つずつポチポチとクリックするのは時間がかかります。実はWordでは、複雑な数式も、マウスを一切使わず、キーボードのみで数式を入力できます。「数式」の章を読めば、数式の多いレポートも快適に執筆できるようになります。

▶ 表の罫線の設定が面倒くさい

→「表の罫線を自動設定しよう」 参照 p.176 を読みましょう。

学科や学会では「表の罫線を上2本線・中1本線・下1本線」のように、スタイルを指定される場合があります。罫線を1本ずつ調整するのは非常に大変です。実は、Wordの「テーブルデザイン」機能を使えば、思い通りの罫線を一瞬で設定できます。これまで面倒だった作業がワンクリックで完了します。シンプルで美しい表を作成できる機能をぜひ活用してください。

▶ 数式番号・図表番号を自動で設定したい

→「数式番号を設定しよう（2）」 参照 p.140 「表番号を設定しよう」 参照 p.184 「図番号を設定しよう」 参照 p.166 を読みましょう。

レポートでは、数式や図表に対して「図1.1」「表2.4」のように番号を付けます。「図を追加挿入したら、後ろの図番号が全部1ずつズレてしまった…」となってしまい、全て手入力で修正するのはとても大変です。実は、Wordには連番を自動で整える機能があります。この機能を使えば、常に正しい連番で数式・図表番号を表示することができます。卒業論文の仕上げの段階で「図を1つを追加して、100ページ分の図番号を手直ししなきゃ…」という悲惨な状況になるのを防ぐためにも、番号の自動設定機能を使いこなせるようにしましょう。

02 なぜレポートを書くのか？

毎週たくさんレポート書いているのが無意味な気がする…。
そもそも何のためにレポート書いてるのだろう…？

目的もはっきりせず、レポートや論文を書くと嫌になりますよね。
この機会に改めて考えてみましょう。

「問い」に「答える」までの過程を記録し、相手に「伝える」

論文・レポートを執筆する目的は、「『問い』に『答える』までの過程を記録し、相手に『伝える』」ためです。

論文・レポートでは、必ず「問い」があります。そして、「問い」に対する「答え」を用意することが必要です。単に「答え」のみを書けばよいのではありません。必ず「答え」を導くまでの思考過程（プロセス）を根拠として記載します。先行研究や基礎理論を踏まえ、自分が実施した調査・実験から得られた結果を示します。結果を論理的に考察し、最終的に「問い」に対する「答え」を導きます。

さらに、相手にそれらを「伝える」までを意識する必要があります。「自分が理解できればいいや」と独りよがりになってはいけません。他人が読んでも理解しやすく、納得できることが大切です。読み手に合わせて適切な言葉を選び、分かりやすい表現を心がけましょう。

「問い」とは何か？

「問い」とは、「自分で作った問題」のことです。How, Why, Should 型の疑問文を作りましょう。「どうすれば○○を解決することができるか？（解決型 How）」「なぜ○○なのか？（原因 Why）」「○○すべきか？（是非 Should）」のように疑問文を作ります。疑問文で表すことで、その後の論点が明確になります。

「○○とは何か？」のような What 型の問いは、論点が不明確になったり、議論の幅が小さくなったりするためおすすめしません。例えば、「日本の貧困家庭の問題とは何か？（What 型）」ではなくて「なぜ貧困家庭は減らないのか？（原因 Why）」や「どうすれば10年以内に日本全体の貧困家庭を半減できるか？（解決型 How）」のように、問いを変形させると書きやすくなります。

大学の思考過程は高校までとは全く異なる

▶ 小学校〜高校は「唯一の正解を素早く導く訓練」

小学生〜高校までの多くの授業では、大人（先生）から与えられる問題と、用意された唯一の正解があり、児童・生徒が正解を素早く正確に導けるように訓練されてきました。学校では「問題」と「正解」（模範解答）が用意されていることが当たり前でした。公式や用語を大量に暗記して、用意された正解を素早く導き出せる児童・生徒が評価されるシステムでした。この教育システム自体は悪いものではありません。習得した要素を組み合わせて正解を導く練習には、論理的思考力を磨く上で十分な価値があります。しかし、「自ら問う」ことが求められる大学の学問とは性質が全く異なります。高校までの学習と大学の学問では思考過程が異なることを理解していないと、レポートを書くときや、研究室・ゼミに所属したときに「何をやればいいのかわからない…」と行き詰まってしまいます。

▶ 大学では「自分で問題をつくり、答えを導く」

大学では、教員から研究やレポートのテーマ（話題）のみを与えられます。問題も正解も用意されていません。もちろん、数学などの既存の知識体系には「正しい」正解がありますが、最終的に執筆する卒業論文やレポートには、問題も正解も用意されていません。大学の研究や論文・レポートの執筆では、自分で「問い」を設定することから始まります。自分でつくった「問い」に対して、自分で「答え」を導きます。最終的な「答え」自体に「正しい」「間違っている」というのはありません。答えを裏付ける根拠を自力で集めて、論理的に記述できていれば、たとえ他の人とは真逆の結論となっても全く問題ありません。

▶ 高校までの学習と、大学の学問を混同してはいけない

高校までは、与えられた「問題」に対して、決められた「正解」を提示できれば評価されました。一方で大学では、問いを自力で設定し、自分なりの答えを導かなければなりません。この違いを理解していないと、「正解が決まっていないから解けない」「自分の考えは間違っているからダメだ」という的外れな考え方になり、レポートや卒業論文に詰まってしまいます。さらに最悪の場合には、インターネットの記事や、先輩の過去レポートなど「それらしき答え」を「正解」だと信じて、自分の頭で考えなくなります。大学では、自分の主張に対する根拠を示し、適切に論理展開できていれば、十分に評価の対象になることを忘れないでください。他の誰でもない「あなた」の答えを、説得力をもたせて導くようにしましょう。

論文とレポートの種類

第1章 レポートを書く前に

第2章 文献を探す読む

第3章 快適な日本語入力

第4章 効率良く仕上げる

第5章 レポートの基本

第6章 ショートカットキー

第7章 数式

第8章 図

第9章 表

第10章 発展ワザ

▶ 論文とレポートの違い

論文は、レポートよりも「独自性・新規性」を重視され、自ら課題を設定することが求められます。

論文とレポートの共通点は、「問い」に対する「答え」を、根拠を示しながら論理的に説明することです。

相違点としては、レポートは教員からテーマや課題の方向性がある程度与えられることが多いです。一方で論文は、自分でテーマ自体を決めて、問いを設定します。先行研究の成果を踏まえた上で、新たな手法や見解を提示することが必要です。問題提起から、調査・研究を経て、解決策の提示・検証まで、一貫して自力で行うことが多いです。

▶ レポートの型による分類

大学で扱うレポートは次の3種類に分類できます。

説明型

授業レポートや文献まとめレポートがこれに当てはまります。授業や文献から得た知識・考え方から「何を学んだか」「学びになったことは何か？」「不明点はあるか？」を述べていきます。授業や文献の理解度を教員に伝えることを意識しましょう。説明型レポートでは、客観的な事実・情報の整理のみにとどまる人が多いですが、あなた個人の考えもきちんと記載することが大切です。

実証型

実験レポートや調査レポートがこれに当てはまります。指導教員から与えられたテーマについて自分で問いを立てて、実験や調査を通して得られた結果を考察し、答えを導きます。授業の実験レポートでは、実験目的・手順・結果のまとめ方がある程度指定されており、教員側の「気づかせたい学び」が用意されていることもあります。考察事項がいかに論理的で、的を射た内容になっているかが重視されます。

論証型

「安楽死を認めるべきか」「デジタル教育の問題点」といった比較的大きめのテーマについて扱います。テーマが大きすぎる場合は、自分で論点を絞って問いを立てます 参照 p.15 。根拠を示しながら自分の主張を示し、読み手が納得できるように書きます。問いに対する答え自体（賛成・反対など）はどちらでも構いません。適切に論理展開できていることが評価のポイントとなります。

 何をすれば「良い論文・レポート」と言えるのだろう？

 良いレポートには共通する特徴があります。その特徴を押さえましょう。

内容が論理的で一貫性がある

▶ 論理的とは

「論理的に書け」と言われてもあまりピンとこない人もいます。「文章の内容が論理的である」とは「上から順に読んだときに、読み手が無理なく理解できる」と言い換えられます。文章が論理的であるためには、情報が階層構造に整理され、文同士・段落同士の意味が明確につながっていることが必要です。

さらに、論理的であるためには、「主張・根拠・理由」が全て揃っている必要があります。主張とは、読み手に伝えたいメッセージのことです。根拠とは、主張を支えるデータ・証拠のことです。理由とは、根拠が主張を支えるのはなぜか？の説明です。

この3つの要素が揃うことで、読み手を納得させられる状態になります。

▶ 一貫性とは

文章における一貫性とは「文章の初めから終わりまで矛盾がなく、主張や方針が変わらない状態」です。例えば、「序論では○○という意見に賛成していたのに、結論では反対の立場になる」という状態は一貫性がありません。一貫性をもたせるためには、自分の立場を明確にした上で、文章全体で自分の主張を裏付ける根拠を適切に示していくことが重要です。

独自の考えを記載している

当たり障りない一般論や調査したデータのみをダラダラと掲載したり、他人の意見をあたかも自分が考えたかのように書いたりしてはいけません。もちろん、他の文献を引用して、研究や執筆の背景を丁寧に記載することは大切です。しかし、得られたデータや他人の意見のみを書くだけでは不十分です。「自分はどう解釈したのか？」「なぜそう考えたのか？」という、独自の目線で表現しましょう。あなた自身の考えが含まれていなければ、あなたが書く意味がないのです。

▶ 事実と解釈を分離する

論文・レポートでは、「事実」と「解釈」を明確に分離する必要があります。実験で得られたデータ、文献・取材から得た情報など、誰が見ても変わらないものを「事実」といいます。「理論式に基づく値は 80.0 cm/s、本実験の測定値は 75.6 cm/s であった。相対誤差は 5.50 % だった」は事実です。ここで「相対誤差が『かなり小さく』なった」「『あまり』変化がなかった」のように、曖昧な表現を用いてはいけません。事実を示すときは、主観的な副詞や形容詞を勝手に加えないことを意識しましょう。

一方で、事実をもとに「どう考えるか」「どう判断するか」を表現したものを「解釈」といいます。論文・レポートでは、得られた事実（データ）を提示するのみならず、自分なりの解釈（考察）を書くことが非常に大切です。考察を書くときは、「A（根拠・事実）という結果が得られた。よって B（主張）といえる。なぜなら C（理由）だからだ。」のように「主張・根拠・理由」の 3 要素をセットにします。「私は本実験が成功したと思う」のように判断が全て主観的にならないように注意しましょう。

文章がわかりやすい

論文・レポートは「読み手に伝える」ことが大前提です。そのため、読み手にとって文章がわかりやすいことは欠かせません。「文章が論理的である」以外にも、文章がわかりやすくなるポイントがあります。

▶ 1 文が長すぎない

1 文が長すぎると読みにくくなります。執筆に集中していると、つい 1 文を長く書いてしまうことも多いです。1 文は長くとも 60 文字以内を目安にしましょう。60 文字を超える場合は、2 文や 3 文に分けるとよいです。本書の付録のレポートテンプレート 参照 p.87 では、1 行は約 40 文字です。1 文が 1 行半以内に収まるようにしましょう。2 行以上にまたがる長い文は、主語・述語や修飾・被修飾関係がわかりにくくなるため、避けるほうがよいでしょう。

▶ 読み手と前提知識を揃えている

専門用語を大量に使うと、読み手は文章を読むのに苦労します。逆に、誰でも知っている言葉まで丁寧に解説していると、冗長で読みにくくなります。

論文・レポートを書くときには、読み手との前提知識を揃えることを心がけましょう。

例えば、所属する研究室・ゼミの教授以外は読まない授業レポートであれば、教授が知っている情報を詳細に書く必要はありません。一方で、研究室・ゼミの後輩も読む可能性のある卒業論文なら、用語の意味や定義を丁寧に記載するほうが望ましいです。「想定読者の最低レベル」に合わせて言葉を選ぶようにしましょう。

▶ 適切な文体に統一されている

論文・レポートは常体（「だ・である」調）で書きます。敬体（「です・ます」調）で書くことはありません。

さらに、書き言葉を使います。「すごく」「だけど」「じゃない」のような話し言葉を使ってはいけません。それぞれ「非常に」「だが・しかし」「ではない」に修正します。

以下の表に、レポートには不適な話し言葉を、適切な書き言葉に修正した例を紹介します。

話し言葉と書き言葉の改善例

レポートに不適切な例（話し言葉）	修正例（書き言葉）
いっぱい・たくさん	多くの
いろいろな	様々な・多様な
すごく・とても	非常に
だめだ	不適切だ
だんだん	徐々に
言い換えると	つまり・すなわち
でも・だけど	だが・しかし・ところが
だから・なので	したがって
かもしれない	可能性がある
どちらも	いずれも
全然	全く
見れる（ら抜き言葉）	見られる
書いてる（い抜き言葉）	書いている

参考文献が明確である

論文・レポートには参考文献を明確に示す必要があります。外部の情報と自分の意見を混ぜてはいけません。引用箇所には、出典を必ず明記します。出典が明記されていない場合、剽窃（他人の著作物の盗用）とみなされます。不正行為として重い処分が下される場合があるため、注意しましょう。

論文・レポートの執筆には、複数の信頼できる情報源を参考にします。例えば、書籍・論文・公的機関による調査データ・新聞記事などを使用します。さらに、その文献の著者が明確で、十分な裏付けがされているかを確認しましょう。文献の探し方は **「論文・文献を探そう」** 参照 p.30 で詳しく紹介します。

また、論文・レポートの末尾には、参考文献リストを明記することも必要です。参考文献リストのスタイルは大学や学会によって独自に決められています。参考文献リストを手入力するのは煩雑で非常に面倒です。この作業負担を軽減するには、参考文献リストを自動で生成することができる Mendeley 参照 p.47 を使用するのがおすすめです。

見た目（デザイン）が良く、読みやすい

文書の見た目（デザイン）は疎かにされがちですが、大切な要素です。デザインが悪いと、「どこを読めばいいかさっぱりわからない」「今は何の話題だろう？」と読み手が迷子になってしまいます。「読む気になれないレポート」は読み手にとって苦痛です。

見出しを立てたり、適切な図表を使ったりしながら読者を誘導することで、内容に集中できる良い論文・レポートになります。本書の付録の**レポートテンプレート** 参照 p.87 を使用すれば、シンプルで美しいレポートを簡単に作成できます。

ミスがない

ようやく書き終えたレポートを「ふぅ、終わった〜、よし提出しよう！」と言ってそのまま提出する人がいます。しかし、見直しをしていないと、「誤字脱字があった」「番号が違った」「必要な図を入れ忘れた」などのミスはどうしても発生してしまいます。全くミスが無いレポートをいきなり作成することはほぼ不可能です。

ミスを防ぐには、見直しが欠かせません。**「見直しの重要性」** 参照 p.62 で紹介する観点で 3 回以上読み返して、ミスを発見しましょう。また、Word の機能を活用すれば、ミスの量をぐっと減らせます。

👆 POINT

「うまい文章」でなくて OK

論文・レポートは「学術的文章」と呼ばれます。学術的文章は、感動をもたらす「うまい文章」である必要はありません。言葉遣いがやや不慣れでもあまり問題はありません。主張を支えるための理由と根拠を適切に示すことが求められます。論理的で、納得感のある文章であることが重要です。

一方で、小説やエッセイなどの「文学的文章」では、言葉を巧みに操り、読者を感動させることが求められます。論文・レポートでは文学的文章のような感動は不要です。感動よりも、納得感を読者に届けましょう。

レポートを書く前に 第1章
文献を探す・読む 第2章
快適な日本語入力 第3章
効率良く仕上げる 第4章
レポートの基本 第5章
ショートカットキー 第6章
数式 第7章
図 第8章
表 第9章
発展ワザ 第10章

いざ、レポートを書いてみようと思っても、
何から考えればいいかわからないな…。

全体の枠を作った後に、情報を集めると、効率良く執筆できますよ！

手順を理解しよう

論文・レポートを書く手順を理解しましょう。レポート執筆の適切な手順を知らない人は「なんとなく情報を調べて、すぐに本文を書き始める」という流れでレポート書いてしまいがちです。しかし、この流れは非効率で時間がかかる上に、文章全体の一貫性を保つのが難しくなります。

そこで、効率的に執筆する手順を紹介します。ポイントは「手当たり次第情報を集めるのではなく、必要な情報を事前に把握してから、情報を集める」ことです。限られた時間で効率良く執筆するには、網羅的に情報を収集するのではなく、必要な情報のみを収集すればよいのです。

1. テーマの基礎知識を理解する

与えられたテーマ自体を理解するために、基本情報を収集します。インターネットで検索したり、入門書を数冊読んだりして、テーマの概要を掴みます。また、大学の教員や先輩に直接質問することも効果的です。あくまで基礎知識を理解し、テーマについて大体わかってきた感覚があれば十分です。ダラダラと時間をかけて手当たり次第に詳細情報を調べてもあまり意味がありません。

2. 問いを立てる

「どうすれば○○を解決することができるか？（解決策 How）」「なぜ○○なのか？（原因Why）」「○○すべきか？（是非 Should）」の型を基にして、問いを立てます。複数の問いの候補を出してから、1つの問いを選択しましょう。まだ過去の文献では明らかになっていないことや、検証の余地があることを選択するとよいでしょう。

3. 問いの前提を定義する

問いの中に意味が曖昧な用語があれば、定義を決めます。意味が曖昧なままだと、その後の議論がまとまりのないものになってしまいます。例えば、「環境に優しい」は、曖昧な表現です。それは「二酸化炭素の排出量が少ないこと」なのか「繰り返し使えること」なのか「リサイクルできない廃棄物の排出量が少ないこと」なのかが不明なため、自分なりの定義をしましょう。用語を定義することで、方針が明確になり、執筆を進めやすくなります。もちろん、読み手にとっても読みやすい文章になります。

4. 仮説を立てる

基礎知識を理解して、問いを立てたら、仮説を立てます。「○○ならば、△△できるのではないか?」「こんな結末になりそう」という自分のレポートの着地点となる仮説を立てましょう。仮説を立てることで、レポート全体の方針が定まり、自分が詳細に調査すべき内容を絞ることができます。この仮説はあくまで「仮の答え」なので、後から方針転換しても構いません。

5. アウトラインを作り、必要な情報を確認する

文章全体の階層構造を「アウトライン」と呼びます。論文・レポートの設計書となる見出しや、その内容の概略を作ります。詳細は次節「**レポートの構成を考えよう**」 参照 p.17 で説明します。

考察事項を作るのが難しく感じられるときは、小さな問いに分解してみましょう。
次のような観点を使うと、問いを分解しやすくなります。

- **時間軸による分解**(年代別に区切る・時間経過による変化を把握する等)
- **空間軸による分解**(構成要素の割合(比率・シェア)を算出する・地域別に区切る等)
- **異なる条件との比較**(理論値と測定値を比較して誤差を算出する・条件を変えて差を比較する・類似する要素との共通点や相違点を比較する等)

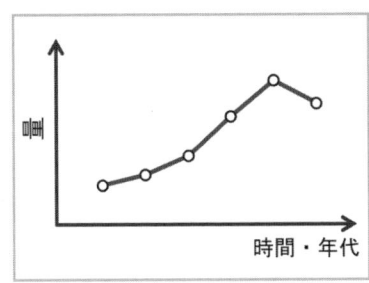

時間軸による分解　**空間軸による分解**

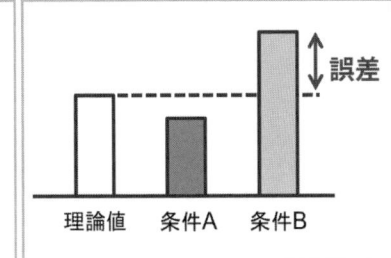

異なる条件との比較

文字数が指定されている場合は、アウトラインに暫定で文字数を割り振ります。「どこをより重点的に調べるか」というのも分かりやすくなります。
Word のアウトライン機能を使うと、見出しのレベルを設定しながら情報を階層化することができます。より効率良くアウトラインを作成するには、アウトライナー(情報階層化ツール)の1つである Dynalist 参照 p.24 がおすすめです。

6. 根拠となる情報を集める

アウトラインに従って、根拠となる情報を集めます。書籍・論文を詳しく読んだり、実験やアンケート調査をしたりします。必要な情報が既に明確なので、効率良く調べることができます。また、文献から情報を収集した場合は、参考文献を表示するために、Mendeley 等に書誌情報を登録しておきましょう。

第1章 レポートを書く前に
第2章 文献を探す・読む
第3章 快適な日本語入力
第4章 効率良く仕上げる
第5章 レポートの基本
第6章 ショートカットキー
第7章 数式
第8章 図
第9章 表
第10章 発展ワザ

7. 情報を整理する

情報をアウトラインの適切な位置に分類して整理します。重要な情報を入手しても、アウトラインに当てはまる箇所がないときは、アウトラインを柔軟に変更しましょう。最初に決めたアウトラインはあくまで「仮のアウトライン」です。だんだんとアウトラインを改善し、内容を充実させていきます。また、得られた情報を表やグラフで整理することで、読み手に伝わりやすくなります。

8. 執筆する

アウトラインが決まっていて、必要な情報もすでに集まった状態であれば、執筆するのはそこまで難しくありません。アウトラインを基にして「主張・根拠・理由」を意識しながら書いていきます。上から順に書いていく必要はありません。書きやすい項目から書いていくと、完成のスピードが上がります。

9. 仕上げる

4〜8の工程を繰り返しながら、仕上げていきます。仮説を立てて、アウトラインを変更し、情報を集め、執筆を繰り返します。徐々に全体が膨らんでいき、仕上がります。

10. 見直す

書き終えたレポートは必ず数回は読み返しましょう。「見直しの手順」 参照 p.63 で紹介しているように、構成・詳細・体裁を見直します。読み手に伝わり、より説得力のある文章になるように最善を尽くしましょう。

05 レポートの構成を考えよう

「アウトラインを作る」って言われても、正直難しいな…。

一般的な論文・レポートの型に当てはめながら構成を考えていきましょう！

テーマの基礎知識を理解したら、文章全体の構成を端的にまとめたアウトラインを作ります。論文やレポートには「型」があります。詳細を調べたり、本文を書き始めたりする前に、「型」に合わせて全体の構成を考えます。すると、情報収集や本文の執筆がスムーズになります。ここでは、一般的な論文・レポートの型を紹介し、アウトラインの作り方を解説します。

「序論・本論・結論」で構成する

論文・レポートでは、文章全体を「序論・本論・結論」の３部で構成して執筆します。

序論

序論には、背景や調査の動機、文章全体の流れを示します。読者に前提知識を与えた上で、「なぜこの文章を書くのか？」「何を明らかにしたいのか？」を読者にわかりやすく提示します。

本論

本論には、既存の理論や先行研究、実験・調査方法、結果、結果から得られる解釈（考察）などを記載します。本論が占める割合は、文章全体の８割程度が目安で、全体で最も長くなる部分です。一般的に、本論は複数の章で構成します。

結論

結論では、論文・レポート全体を通して得られた知見を端的に記載します。また、今後の課題や、調査の余地などについても記載することがあります。

 POINT

書けるところから書く

アウトラインは最初から順に構成していく必要はありません。「本論のここなら書けそう」という箇所から書いていきましょう。書きにくい箇所は保留にして構いません。後で内容が思い浮かんだときに追記すれば良いです。また、細かい部分にこだわりすぎると、アウトランの作成に時間がかかってしまいます。全体の大まかな流れを先に書き出してから、徐々に細部を決めることで、効率良く、流れの良い文章を作成することができます。

文章全体の構成例

論文・レポートの全体の構成例を示します。

序論
- 背景・動機
- 明らかにしたい課題（問いを立てる）
  - ○○を明らかにしたい
- 文章全体の道筋

本論
- 既存の理論
- 用語の定義
- 実験・調査手法
- 結果
  - 実験・調査で得られた情報
- 考察（例）
  - 時間軸による分解
    - 主張 / 理由 / 根拠
  - 空間軸による分解
    - 主張 / 理由 / 根拠
  - 条件比較
    - 主張 / 理由 / 根拠

結論
- 判明したこと
- 未解決なこと

06 レポートの構成例

 レポート作成の流れはわかったけど、自力で作るのは難しいな…。

 では、実際にレポートを構成する流れを紹介します！

今回扱うレポート課題

「日本国内における電気自動車の普及の現状や、今後の展望について述べなさい」

このレポートを「レポートを書く手順」 参照p.14 で紹介した手順に従って書いていきます。

1. テーマの基礎知識を理解する

まずは、与えられたテーマを把握します。「電気自動車」「日本国内」「現在の視点と、未来の視点」は欠かせない要素です。

電気自動車について、インターネットで検索したり、関連する書籍や論文を読んだりしてみましょう。時間をかけすぎず、ある程度の概要を掴めたら次に進みます。

20分程度調べてみると、このような情報が得られました。

- 2021年の日本の新車販売台数のうち、電気自動車が占める割合は1%未満
  （一般社団法人日本自動車販売協会連合会『月別統計データ 燃料別販売台数』より）

- 国際的に電気自動車推進の動きがある。2022年6月に、EUでは2035年までに全てを電気自動車にすると発表
  （欧州議会 Press room 2022年6月8日 "MEPs back objective of zero emissions for cars and vans in 2035" より）

- 電気自動車用の大きなリチウムイオン電池は、環境負荷が大きい。鉱産資源の採掘が必要であり、リサイクル方法が確立されていない
  （日本経済新聞社 2021年7月14日『電気自動車の時代、バッテリーのリサイクルが鍵に』）

2. 問いを立てる

How, Why, Should 型の疑問文で、問いを立てます。問いを派生させたり、よりわかりやすい表現に変形したりしても構いません。複数の問いの候補を出してから、「自分なりの解釈ができそう」「書くのが面白そう」という問いを選択します。

How 型

「どうすれば日本で電気自動車の普及が進むのか？」

Why 型

「なぜ日本では電気自動車の普及が進まないのか？」

「なぜ『電気自動車は環境に悪い』と主張する人がいるのか？」

　　　派生→「そもそも電気自動車は本当に環境に優しいのか？」

Should 型

「日本で電気自動車の普及を進めるべきか？」

　　　派生→「電気自動車の普及を進める良い点・悪い点は何か？」

今回は、「そもそも電気自動車は本当に環境に優しいのか？」という問いを選択しました。この問いは、様々な視点で検証の余地があり、自分なりの解釈ができそうだからです。

3. 用語を定義して、前提を揃える

「環境に優しい」は曖昧な表現なので、用語の定義を明確にしておきましょう。ここでは「CO_2 の累計排出量が少ない」とします。

また、「CO_2 の排出量」も、どのくらいの期間の排出量を用いるかで、大きく変わります。今回は「10 年間で 10 万 km 走行する」を共通の前提としました。

4. 仮説を立てる

「電気自動車は、ハイブリッドカーに比べて、環境に悪いのではないか？」という仮説を立てました。これはあくまで「仮の答え」なので、正しい結末である必要はありません。この仮説をもとに、検証していきましょう。

5. アウトラインを作り、必要な情報を確認する

前節で紹介した方法で、アウトラインを構成します。アウトラインには、レポートの見出しや、内容の概略を記載します。最初から完璧な構成を作成する必要はありません。書けるところから順に埋めていきましょう。また、後から調べる必要がある情報は、●印を用いて保留にします。アウトラインには、文と単語のどちらを書いても構いません。形式にはこだわらずに書き進めましょう。アウトライナーの Dynalist 参照 p.24 を使うと効率良くアウトラインを作成できます。今回は、次のような骨組みを作りました。

序論

動機・背景

- 地球温暖化が問題で、CO_2 が原因と言われている
- 自動車は世界の CO_2 排出量の約●％を占める
- 電気自動車は「CO_2 排出量ゼロ」と謳われている
- 特に 20 ●●年以降電気自動車は注目が集まっている
- EU では、2035 年に全自動車を電気自動車にすると発表

仮説

- しかし、電気自動車は電気を使う
- その電気の多くは火力発電や原子力発電で賄われる
- 本当に環境に優しいと言えるのか？
- ガソリンを用いたハイブリッドカーの方が、電気自動車よりも環境に優しいのではないか？
- また、電気自動車に使われている巨大なリチウム電池は、寿命が●年といわれ、ガソリンエンジンの●年より短い（出典●●）
- さらに、リチウムイオン電池のリサイクルの方法が確立されていないという問題もある（出典●●）

文章全体の道筋

- 「日本国内で 10 年間 10 万 km の使用」を前提とする。
- 本レポートでは「環境に優しい」を「CO_2 の累計排出量が少ないこと」と定義する
- どの使用段階までを考慮するかによって、環境への影響が変わる
- 複数の視点から比較検討する
    1. 自動車工場での生産
        既存のエンジン工場
        新規のモーター工場
    2. エネルギー源を生むところからの排出量
        ガソリンを運搬
        火力・原子力で発電
    3. 自動車走行のみを想定したときの排出量
    4. 廃車処理までを含む
        リチウム電池がリサイクルしにくい問題

本論

前提

- 車種の定義
    - 自動車の種類
        - ガソリン車
        - ハイブリッドカー
        - 電気自動車
- 既知の理論・情報
    - CO_2 排出量の計算方法
    - 日本の発電の種類と割合
    - 国際的な電気自動車推進の方針
        - 日本
        - アメリカ
        - EU

レポートを書く前に 第1章
文献を探す・読む 第2章
快適な日本語入力 第3章
効率良く仕上げる 第4章
レポートの基本 第5章
ショートカットキー 第6章
数式 第7章
図 第8章
表 第9章
発展ワザ 第10章

- 実験・調査手法
  - 各段階における CO_2 の排出量とコストを計算する
  - CO_2 の排出量は●●を元に計算した。
  - 新車を購入し、10 年間で 10 万 km 走行したときの排出量
  - 4 種の車について検討した
    - ガソリン車
    - ハイブリッドカー
    - 電気自動車

調査結果

10 年間で 10 万 km 走行するとして、各段階で排出する CO_2 排出量について、車の種類同士で比較した。

1. 自動車の走行のみ
   ガソリン / ハイブリッド / 電気自動車
2. エネルギーの生産時点を含める
   ガソリン / ハイブリッド / 電気自動車
3. 自動車自体の生産を含める
   ガソリン / ハイブリッド / 電気自動車
4. 自動車の廃棄を含める
   ガソリン / ハイブリッド / 電気自動車

考察

- 時間軸による分解
  2020 年時点と 2030 年時点で、CO_2 排出量はどのように異なるか？
  自然エネルギー発電の活用が● % に広がっていると仮定する。（●●による予測）
  主張 / 理由 / 根拠
- 空間軸による分解
  2020 年時点で、首都圏と地方では、それぞれ最も環境に優しい車の種類は何か？
  主張 / 理由 / 根拠
- 条件比較
  家庭用太陽光発電を使用したときと使用しない場合では、どれくらい CO_2 排出量が異なるか？
  主張 / 理由 / 根拠

結論

- 判明したこと
  - 新車を購入して 10 年間使用し、廃車までを考慮すると、最も CO_2 排出量と再生不可能な廃棄物が少なくて環境に優しい自動車の種類は●●であることが判明した。
  - また、将来的に自然エネルギー発電が普及したときには、●●が最も環境に優しいことが判明した。
- 発展テーマ
  - 海外ではどう変わるか？
- 電気自動車の今後の課題
  - 自動車用リチウムイオン電池の廃棄処理技術は未完成である
  - 一律にガソリン車を規制すると、既存のガソリン車が大量に廃車になる
  - 充電スポットが普及していない

6. 根拠となる情報を集める

アウトラインの作成後に、根拠となる情報を集めます。必要な情報は、アウトライン上で既に明確になっています。本論の「調査結果」や、●印を用いて保留にしていた箇所の情報を集めましょう。大学独自の学術情報検索サービス（データベース）や Google Scholar 参照 p.32 でキーワードを検索し、書籍・論文・公的機関が発行する情報などを集めます。このとき、情報の出典を必ず記録しておくようにしましょう。必要に応じて、実験やアンケート調査なども行います。

7. 情報を整理する

収集した情報をアウトラインの適切な箇所に挿入します。また、得られた情報から、自分なりの解釈ができる部分があれば、考察箇所のアウトラインに追記します。さらに、得られた情報を表やグラフで整理しましょう。今回の例では、ガソリン車・ハイブリッドカー・電気自動車の各車種について、CO_2 や再生不可能な廃棄物の排出量を表にまとめるとよいでしょう。情報の整理ができたら、アウトライン全体を眺めて、「適切な情報が揃っているか？」「流れが不自然な点はないか？」を確認します。

8. 執筆する

全体の構成も、必要な情報も集まりました。書く内容の概要はアウトラインに記載されています。あとは、本文を「主張・根拠・理由」を意識して執筆しましょう。書きやすい項目から書いて、完成のスピードを上げましょう。

9. 仕上げる

アウトラインを適宜修正しながら、情報を追加収集します。全体の流れを見て、冗長で不要な部分が出てきたら、削除することも検討します。

10. 見直す

無事に仕上げが完了しました。構成・詳細・体裁に注意しながら見直します。3回以上は読み返すとよいでしょう。時間をおいて、翌日以降に見返すと新しい発見があるはずです。見直しのやり方は**「見直しの手順」** 参照 p.63 で紹介しています。最善を尽くしたレポートを提出しましょう。

本書の巻末 参照 p.207 に、「電気自動車は、本当に環境に優しいのか？」の見本レポートを掲載しています。

Column ▶ アウトラインの作成に特化した Dynalist

 文章の構成を階層化して、内容の概略を書いたものを「アウトライン」と呼びます。アウトラインを作成することで、一貫性のある文章を効率良く執筆することができます。
ここでは、アウトラインの作成に特化した Dynalist という無料ツールの特徴と使い方を紹介します。

▶ アウトライナーは「情報の階層化」に特化したツール

Dynalist は「アウトライナー」と呼ばれるカテゴリに属するサービスで、情報の階層化に特化したツールです。

アウトライナーには、次の3つの特徴があります。

1. 情報を箇条書きにして、階層化する
2. 階層を開いたり閉じたりできる
3. 階層をまとめて移動できる

この3つの機能を活用することで、文章の執筆が驚くほどスムーズになります。

▶ アウトライナーは「マクロとミクロの視点を分離する」

アウトライナーによる文章執筆の最大の利点は「文章全体を構成する（マクロ視点）」と「単語を並べて文を作る（ミクロ視点）」の思考を分離できることです。
アウトライナーを使わずに、いきなり Word で文章を作成すると「全体の構成を考える」「前後の繋がりを意識する」「文を書く」という3つの複雑な思考を同時にこなす必要があります。
一方で、アウトライナーを使えば、3つの思考を分離できます。「全体の大枠を考える」「文を書く」「文を階層構造に合わせて並び替える」という、それぞれが独立したシンプルな思考になります。そのため、脳の負担を大幅に減らすことができます。文章全体を階層構造として捉えることで、文章の執筆が容易になります。

▶ Dynalist の特徴

本書で紹介する Dynalist は、次の特徴があります。

- 無料で使用できる
- 動作が軽快
- ショートカットキーが充実していて、素早く操作できる
- 自分の文書を横断的に検索できる
- クラウド対応で、複数人で同時に閲覧・編集ができる

▶ 基本的な使い方

Dynalist では、文や単語を階層構造の箇条書き状に書きます。基本的な使い方を紹介します。

1. 文や単語を書く
2. [Enter] で改行する
3. [Tab] で階層を 1 つ内側に移動する
4. [Shift] + [Tab] で階層を 1 つ外側に移動する
5. 左端のマークで階層を閉じる
6. ドラッグ & ドロップ（または [Ctrl] + [↑] / [↓]）で階層ごと移動する

実際の文章の書き方

Dynalist を活用した文章の構成方法をわかりやすく説明するために、就活のエントリーシート（ES）を題材にして、執筆手順を紹介します。「学生時代に力を入れたこと（400 文字以内）」の書き方を説明します。

いきなり完成した文章を作成しようとせず、文字を書き起こしながら考えるのがポイントです。「上から順に 1 文ずつ書いていく」という普通の文章の書き方とは異なるため、最初は慣れないかもしれません。しかし、この手順で文章を作成すれば、全体の構成が整った文章をスムーズに書けるようになります。筆者は就職活動時に全ての ES をこの手順で作成し、10 社以上から内定をもらいました。

1. 話題のアイデア出し

まずは、「アイデア出し」という階層を作ります。設問に対する話題を、制限時間の 2 分以内にたくさん書き出します。「サークル」「学業」などのテーマの階層を作って、思考を分解していきます。書き出せたら、提出先の企業と相性が良さそうな話題を 1 つ選びます。選び終えたら、もうこの階層は使わないので、 - ボタンで階層を閉じます。このように Dynalist は不要な階層を閉じられるのが特徴です。

- アイデア出し
  - 研究室
    - 研究室でスライドデザインの講習会を開いた
    - 文章作成とプレゼン技術を向上するイベントを企画した
  - アカペラサークル
    - アカペラ音響部門で講習会を開いた
    - サークルライブの運営陣を担い、演出を工夫して好評だった
  - 自主的な取り組み
    - ⋮

ここでは「アカペラ音響部門で講習会を開いた」という話題に決めました。

第1章 レポートを書く前に
第2章 文献を探す・読む
第3章 快適な日本語入力
第4章 効率良く仕上げる
第5章 レポートの基本
第6章 ショートカットキー
第7章 数式
第8章 図
第9章 表
第10章 発展ワザ

2. 文の数の目安を把握する

今回の題材の規定文字数は 400 文字です。1 文の目安文字数は 40 〜 50 文字のため、単純に文字数を割り算して、全体で 8 〜 10 文程度になることがわかります。

3. 構成を作る

文章全体の大まかな構成を書き出します。この段階では、具体的な内容は書きません。「結論」「背景」「問題点」「工夫」など、文章の要素を書き出します。この手順を経ることで、不足する情報がないかどうかを確認できます。

いきなり Word で本文を書き始めてしまうと、他人が読んだときに「背景がわからない」「仕事への活かし方がわからない」など、不足する情報が生じやすいです。事前に構成を作ることで、文章全体を俯瞰して見ることができます。

◉　アイデア出し
●　構成
　1. 結論
　2. 自分の立場
　3. 背景
　4. 問題点
　5. 取り組んだこと
　6. 工夫
　7. 結果
　8. 効果
　9. 得られた教訓

---

4. 大まかな内容を考える

先ほど書き出した構成の各階層に、具体的な内容を書き出していきます。この段階では、完全な文を作る必要はありません。「こういうことを書こう」という方針さえわかれば大丈夫です。

◉　アイデア出し
●　大まかな内容
　1. 結論
　　● アカペラサークルの音響部門で、音響講習会を開いた
　2. 自分の立場
　　● 音響部門のリーダーをやっていた
　3. 背景
　　● メンバーが音響機器をなんとなく操作していた
　4. 課題
　　● 音響部門の皆の技量をアップさせたい

レポートを書く前に 第1章

文献を探す・読む 第2章

快適な日本語入力 第3章

効率良く仕上げる 第4章

レポートの基本 第5章

ショートカットキー 第6章

数式 第7章

図 第8章

表 第9章

発展ワザ 第10章

5. 取り組んだこと
  ● 音響を独学し、講習会を開催した
6. 工夫
  ● 専門用語を使わない
  ● 楽しめるように
  ● スライドを美しく、復習もしやすい
7. 結果
  ● 4時間の講習会を開催した
  ● 受講者に好評で、7回開催した
  ● 改善を重ねた
8. 効果
  ● 部員の技術がとても上がった
  ● 観客のアンケートも、音響満足度が上がった
9. 得られた教訓
  ● 難しい概念も、明解に伝える技術を身に着けた
  ● 熱心に自力で学び、人に伝える
  ● これは社会人として必須の力

5. 下書きする

内容が定まったら、文を書きます。この時点では既に文の内容が決まっているので、書くのは難しくありません。1文ずつ Dynalist に書いていきましょう。1文の目安は 30～40 文字程度として、長くなりすぎないように注意します。

6. 文字数を調整する

ここで、Word などの文字数を数えられるソフトに貼り付けます。規定の文字数の9割以上になるように調整しましょう。

7. 完成

見直しを重ねて、完成です。Dynalist に「完成」という階層を作って、そこに完成した文章を入れましょう。
Dynalist は Word と異なり、「ファイル」ではなく「階層」で分類して管理します。内容を横断的に検索できるため、他社用の ES に文章を使い回したいときも検索が非常に楽です。

Dynalist の「就活」の階層の全体

- A 社
  - 志望動機（400 文字）
  - 学生時代に力を入れたこと（400 文字）
    - アイデア出し
    - 構成
    - 下書き
    - 完成品（392 文字）
      - 私は、アカペラサークルの音響部門全体の技術向上に力を入れた。
      - 私は所属するアカペラサークルの音響部門長を務めた。
      - 音響機器の適切な調整には専門知識が必要だが、音響員たちは感覚的になんとなく音響を操作し、技量に大きな個人差があった。
      - 「アカペラの魅力を最大限引き出すには、音響の実力向上が欠かせない」と考えた。
      - そこで私は音響を猛勉強して知識を蓄え、初心者も楽しんで音の本質を学べる講習会を開催した。
      - ・専門用語を一切使わない
      - ・受講者参加の楽しい体験型講義
      - ・美しいスライド
      - この 3 点を意識して伝えた。
      - 受講者の目線に徹底的に寄り添った 4 時間の講習会は大変好評だった。柔軟に改善を重ね、これまで 7 回開催した。
      - 部員の音響技術も飛躍的に向上し、ライブアンケートで音響満足度が 98% と非常に高い結果が得られた。
      - 「熱心に学び、難しい概念を相手に寄り添って明解に伝える」という社会人に欠かせない技術を身に付けた。
  - B 社
  - C 社

▶ その他の活用場面

Dynalist は文章執筆以外にも、様々な場面で活用できます。会議の議事録を Dynalist で作成すれば、文字を入力しながら情報を階層化できるため、後から体裁を整える必要がありません。会議の参加者に URL を送信するだけで、議事録を簡単に共有できます。また、大学の講義のメモや、アイデアの発散・分類（ブレインストーミング）にも役立ちます。Dynalist はシンプルで非常に強力なツールです。ぜひ自分なりの Dynalist の活用方法を見つけて、快適に情報を整理・管理してみてください。

第2章

文献の探し方・
読み方・管理方法

01	論文・文献を探そう	30
02	初めての論文の読み方	34
03	論文を読む手順	37
04	文献引用のルールを理解しよう	40
05	簡易的に参考文献を管理しよう	43
06	Mendeleyで参考文献を管理しよう	47
07	Mendeleyで参考文献を引用しよう	50
08	引用スタイルをカスタマイズしよう	52

論文ってどうやって探せばいいんだろう？
インターネット検索してもあまり出てこないな…。

論文専用の検索サービスを使って検索しましょう！

文献を探す意義

論文・レポートを書くためは、先行研究となる学術情報を調べます。文献から先人の知恵を学ぶことで、「どこまで解明されていて、何が未解明なのか」という研究の現在位置を知ることができます。参考文献には、論文・書籍など信頼性の高い情報を利用する必要があります。

インターネットには情報が溢れているため、信頼性の高い記事を探すのはなかなか難しいです。例えば、インターネットの記事には、誰でも編集できるフリー百科事典Wikipedia、個人の Web サイト、企業の Web サイトなどがあります。しかし、いずれも執筆者が不明確で、公平性に欠けている場合が多いです。また、断片的な意見の可能性もあるため、論文・レポートへの引用は必要最小限にとどめましょう。

論文・レポートに引用する文献には、著者が明確な書籍や論文や、公的機関による調査データ、新聞記事などを使用しましょう。単にインターネット検索するだけでは学術情報にアクセスすることは難しいです。そこで、学術情報を検索する方法を紹介します。

論文の種類

「論文」と呼ばれる文書には、いくつか種類があります。各特徴を理解して、適切な論文を検索しましょう。

論文誌に掲載されている査読済みの論文（原著論文 Journal Article）

査読済みの論文には著者独自の研究成果が記してあり、研究の目的と結論が明確に記載されています。手法には再現性（他人が同じ手法を試せば、同様の結果を得られる保証があること）が求められます。

信頼のおける論文誌には、必ず査読を経た論文が掲載されています。査読とは、外部の同分野の専門家が、研究や論文の妥当性を検証することです。査読ではかなり長い時間・回数をかけて、論文誌に掲載する価値があるか審査します。論文誌に投稿された論文の原稿は、査読を経て、受理（Accept）されれば掲載されます。不採択（Reject）であれば、著者によって改善され、再度査読されます。改善を重ねて、ようやく受理されたもののみ

が論文誌に掲載されています。

そのため、有力な論文誌に掲載されている査読済みの論文は、最も信頼性の高い論文といえます。狭義の論文には、この査読済みの論文のみが当てはまります。**先行研究・参考文献には、査読済みの論文を使用することがおすすめです。**

博士論文

博士課程の研究成果をまとめた論文です。博士論文は、指導教員以外に 2 〜 3 名の副査による審査会が行われ、認可されたもののみが受理されます。卒業論文・修士論文よりも、さらに独自性・新規性が重視されます。日本の博士論文は、所属大学のみならず、国立国会図書館にも所蔵されることが特徴です。博士論文は、先行研究・参考文献として引用することが認められている場合が多いです。

学会発表用予稿集

学会発表時に使用される原稿も「論文」と呼ばれることがあります。学生や研究員が、外部に研究成果を発表する際に使用する原稿です。第三者による査読は不要なことが多いです。学術的な信頼性があまり高くないため、引用は非推奨です。

卒業論文・修士論文

大学生や大学院生が研究内容をまとめた文章です。先行研究や文献をもとに学生自身が研究・執筆します。論文の提出後は指導教員によって添削され、受理が決定されます。多くの場合、第三者による査読は行われません。学術的な信頼性があまり高くないため、基本的には先輩の卒業論文・修士論文を引用すべきではありません。

! **注　意**

ハゲタカジャーナル（Predatory Journal）

ハゲタカジャーナルとは、著者から高額な掲載料を徴収し、十分な査読をしないまま論文を掲載する、悪質な論文誌の総称です。信頼のおける論文誌は、長い時間をかけて論文を査読します。一方で、ハゲタカジャーナルは「迅速な審査」をウリにして、実際は査読せずに論文を掲載します。また、有名な論文誌の名前やロゴを模倣していることもあり、「それっぽい」論文が掲載されています。ハゲタカジャーナルの論文は信頼性が低いため、引用するのはやめましょう。

論文誌が信頼できるかどうかを確認するには、インパクトファクター（Impact Factor）やサイトスコア（CiteScore）や SJR（Scimago Journal Rank）の値を調べます。これらの値は、被引用数等によって算出される指標です。あくまで目安ですが、論文誌の信頼性を確かめる手段の 1 つとして知っておきましょう。

また、自分が執筆した論文を投稿するときも、投稿先の論文誌がハゲタカジャーナルではないことを確認する必要があります。電子メールで「論文掲載のお誘い」などが来た場合には要注意です。不当な掲載料を請求されるだけでなく、「不適切な論文誌に投稿した研究者」として、あなた自身の信頼を失うことに繋がります。

学術情報検索サービス

論文や書籍など、学術情報を探すことに特化した検索サービスがあります。以下の方法を使って検索しましょう。

▶ Google Scholar

Google Scholar（グーグルスカラー）は Google が提供している学術情報検索サービスです。日本語・英語・その他外国語で書かれた論文・学術記事・書籍を網羅的に検索することができます。簡単に文献を検索できて非常に便利ですが、検索結果の論文は玉石混交です。有力な論文誌もあれば、査読が不十分なまま論文を掲載している粗悪な論文誌（ハゲタカジャーナル　参照p.31 ）の論文も混じっています。掲載論文誌の信頼性の確認を忘れないようにしましょう。

https://scholar.google.co.jp

論文を検索する

通常の Google 検索と同様に、検索ボックスに分野名・著者名・キーワードを入力して検索します。興味のある論文をクリックすれば閲覧できます。
検索結果の右隣に［PDF］または［HTML］と書かれた論文は、論文を無料で読むことができます。

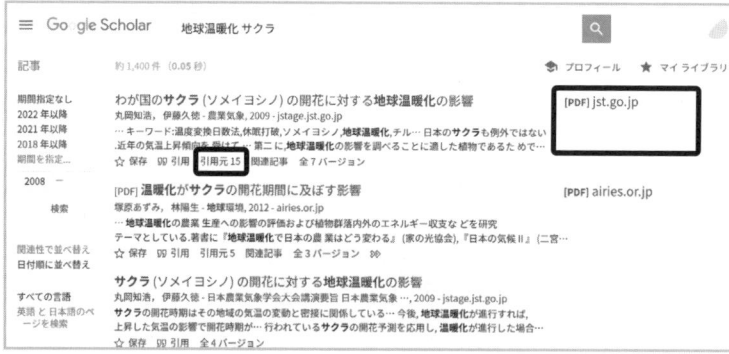

Google Scholar の検索結果画面

 POINT

「引用元」とは？

検索結果にある「引用元」は、被引用数を表します。「他の論文でどれだけの回数引用されたか」という意味です。**「引用元」が多いほど他の研究において参考にされていて、他の研究者が注目している論文**といえます。「引用元」をクリックすれば、その論文を引用している論文を検索できます。引用している論文は、元の論文よりも後に執筆された論文であるため、この研究の「新たな見解」を述べた論文を調べることができます。

レポートを書く前に 第1章

文献を探す・読む 第2章

快適な日本語入力 第3章

効率良く仕上げる 第4章

レポートの基本 第5章

ショートカットキー 第6章

数式 第7章

図 第8章

表 第9章

発展ワザ 第10章

▶ 大学独自の学術情報検索サービス

多くの大学では、独自の学術情報検索サービスを提供しています。「○○大学 データベース」と検索すれば、該当するサービスにアクセスできます。これを使えば、Google Scholar 等の検索サービスでは有料の論文・書籍も、学内ネットワークを使って無料で閲覧できることがあります。大学に所属する学生の特権です。ぜひ積極的に活用しましょう。Web ブラウザのブックマークに登録しておくこともおすすめです。

▶ CiNii Research

CiNii Research（サイニィ リサーチ）は、国立情報学研究所が運営する日本語の論文検索サービスです。数千万件の膨大な日本の論文を横断的に検索することができます。

https://cir.nii.ac.jp

▶ J-STAGE

日本の学術雑誌に掲載された論文が公開されています。多くの文献を無料で閲覧できます。

https://www.jstage.jst.go.jp/

▶ Scopus

Scopus（スコーパス）は、査読済みの論文のみを扱う学術情報検索サービスです。主に英語を中心とした欧米言語の査読済み論文を検索できます。基本は有料のサービスですが、多くの大学では法人契約をしているため、学生や教員は無料で利用できます。

https://www.elsevier.com/ja-jp/solutions/scopus

▶ Unpaywall

Unpaywall は合法的に他のサイトから無料の論文 PDF を探してくれる Google Chrome や Firefox のブラウザ拡張機能です。有料の論文ページにアクセスしたときに、緑色のカギのアイコンが表示されたときは、PDF を無料で閲覧できます。

https://unpaywall.org

公的な情報源から検索する

個人・企業のサイトではなく、政府や大学などが公表している情報に絞って情報を検索する方法を紹介します。

Google 検索で、キーワードとともにサイトのドメインを指定します。「site:go.jp」なら日本の政府機関や独立行政法人のサイトから、「site:ac.jp」なら大学などの学校法人のサイトから検索されます。

例えば、「産業廃棄物 site:go.jp」で検索すれば、環境省などが公表している産業廃棄物に関する過去のデータを検索することができます。

02 初めての論文の読み方

論文を読んだことがないです…。
どの論文を読めばいいのかな？ 何に注意すればいいのかな？

初めて論文を読む人に、論文の探し方・読み方を紹介します！

論文を選ぶ第一歩

初めて論文を読む人は、まずは自分にとって身近な論文を読んでみましょう。
論文を読んだ経験がない人にとっては、そもそもどの論文から読めば良いのか見当がつきません。そこで、「第一歩」となる論文の見つけ方の例を紹介します。

▶ 先生や先輩に紹介してもらう

まずは、研究室の先生や先輩に論文を紹介してもらうことが有効です。「論文を読んだことがないのですが、何を読めばいいですか？」と素直に質問してみましょう。比較的易しくて、学問分野にとって重要な論文を紹介してもらえるはずです。紹介された論文から、まずは 1 本の論文を選んで読みましょう。

▶ 学科の先生の論文を調べる

まだ研究室に所属していない場合は、所属学科の研究室の先生が書いた論文を読んでみましょう。先生の名前を Google Scholar で検索するか、研究室の Web サイトを訪問すれば、論文を読むことができます。

論文の大まかな構成

論文は基本的に次のような構成になっています。特に太字の項目と、図に注目すると、論文の内容を把握しやすくなります。

1. タイトル（Title）
2. 著者・所属（Author(s) and Affiliation(s)）
3. 概要・要旨（Abstract）
4. 導入・背景（Introduction）
5. 研究方法・理論（Methods）
6. 内容の評価・議論・実証（Results and Discussion）
7. まとめ・結論（Conclusion）
8. 謝辞（Acknowledgement）
9. 参考文献（References）

論文は目的意識を持って読もう

論文は「この情報を得よう」と目的意識を持って読みましょう。論文を読むことに慣れていない場合、なんとなくダラダラ読んでみても「結局何もわからない」と悩む学生は多いです。そこで本書では、1つの論文に対して、以下の **6つのポイントをそれぞれ2〜3文程度で書き出す** 方法を紹介します。論文のエッセンスを短く的確に把握することができます。

特に初めて論文を読むのは時間がかかります。40分程度で6つのポイントを書き出すことができれば素晴らしいです。少し難しく感じても、根気強く読んでみましょう。

▶ 論文の要点を把握する6つのポイント

1. 論文内容 （何を明らかにしたの？何を提案したの？）

著者の主張や、提案した内容を簡潔に書きます。特に、概要・要旨（Abstract）や、結論（Conclusion）に注目してみましょう。

2. 背景 （この分野はなぜ研究されているの？何に役立つの？）

この研究が社会的にどのように役立つのか、研究の意義を書きます。また、どのような先行研究がされたかも書きます。特に、導入・背景（Introduction）に注目してみましょう。

3. 目的 （この研究で何を解決したいの？先行研究は何が足りなかったの？）

この研究で解決したいことや、明らかにしたいことを書きます。「〜するため」や「〜したい」という文末で表現すると、まとめやすいです。先行研究では未解決の問題点も書きます。特に、概要・要旨（Abstract）や導入・背景（Introduction）の後半に注目してみましょう。

4. 新規性 （先行研究より何が良いの？）

既存の技術や先行研究と比較して、この論文の研究が優れている点や、新たに判明したことを書きます。論文には必ず新規性が含まれており、この論文独自の新規性を理解しておくことは非常に大切です。特に、概要・要旨（Abstract）や、まとめ・結論（Conclusion）に注目してみましょう。

5. 方法・結果 （どんな手法・技術を使った？どんな結果が得られた？どのように有効性を検証した？）

問題解決の手法や、得られた結果を書きます。結果の有効性の検証方法も確認します。概要・要旨（Abstract）や、研究方法・理論（Methods）、内容の評価・議論・実証（Results and Discussion）、まとめ・結論（Conclusion）に注目してみましょう。

6. 残課題 （この研究で解決できなかったことは何？うまくいかない条件はある？）

未解決の課題や、不適な条件を書きます。この世には、完璧な研究はありません。短所や今後の改善の余地をまとめましょう。この論文の研究の弱点が、自分の新たな研究テーマの種となる場合もあります。特に、まとめ・結論（Conclusion）に注目してみましょう。

これら6つのポイントを、スライド1枚にまとめることもおすすめです。**筆者のWebサイト**（https://www.paca-learn.com）では、以下の「論文まとめスライドフォーマット」を公開しています。

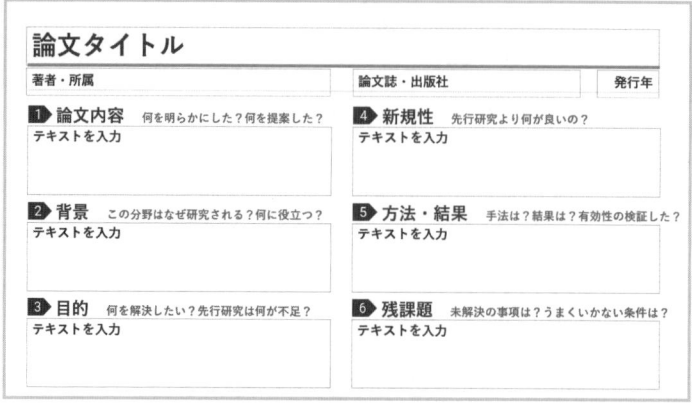

論文まとめスライドフォーマット

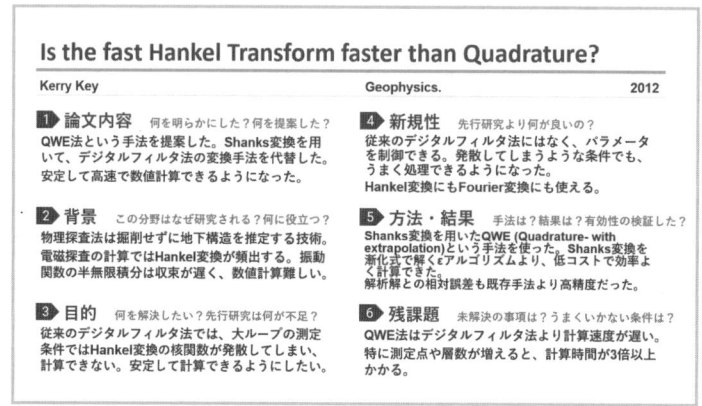

論文の6つのポイントを1枚のスライドにまとめた例

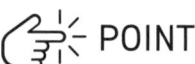 POINT

英語論文にチャレンジしてみよう

学問の世界標準語は英語です。学問で重要な論文は、ほぼ全て英語で書かれています。分野を理解する上で、英語論文を読むことは避けて通れません。日本語だけでは、アクセスできる情報が極端に少なくなってしまいます。

英語に抵抗がある人も、ぜひ英語論文に挑戦してみましょう。英語を読むことは、英語で書くことに比べれば易しいです。英語に慣れないうちは、論文を印刷して、印を書き込みながら読むこともおすすめです。TitleとAbstractを理解できれば、最初の難関はクリアです。回数を重ねるうちに徐々に慣れていきます。もちろん、論文の要点をまとめるスライドは、日本語で書いて構いません。

最先端の情報にアクセスするために、英語で検索して、英語論文を読むことを心がけましょう。

03 論文を読む手順

研究テーマは決まったのですが、論文をどれくらい、どんな手順で読めばいいのかわかりません…。

「論文を30本集める」「選別する」「丁寧に読む」という手順で、効率良く研究分野を理解しましょう！

研究分野を理解するためには、多くの論文を読む必要があります。しかし、1つの論文を読むために2～3時間もかけていては、いくら時間があっても足りません。そこで、効率良く論文を読むための手順を紹介します。

読む候補の論文を30本集める

最初に、研究テーマや調べたい事項に関する論文を30本集めましょう。このとき、内容の詳細は読まないことをおすすめします。論文の収集作業と読む作業を同時並行でやると、両方の作業が中途半端になり、時間がかかりすぎてしまうからです。1分くらい眺めて「とりあえず後で内容を読んでみよう」という論文を30本集めます。

「30本は多すぎる…！」と思うかもしれません。もちろん、30本全てをすみずみまで読む必要はありません。最初に30本の論文を集めることで、そのテーマの全体像を捉えることができます。また、「ここまでは既に他の研究者が解明しているのか」という研究分野の現在地を知ることができます。重要な論文の見落としを防ぐために、非常に大切なプロセスです。

Google Scholar等の文献検索サービスで、テーマのキーワードを検索します。PDFをダウンロードして、文献管理ツールのMendeleyに追加します。フォルダやタグ付けで管理しておくと便利です。

必要な論文を選別する

次は、自分にとって重要な論文を選別しましょう。各論文の概要を把握します。「これは後でさらに詳しく読んでみよう」と感じた論文を10本程度選びます。Mendeleyのタグ付けやNotebook機能で内容を整理すると便利です。

読み進めていると、頻繁に引用されている論文が見つかるはずです。その論文も詳しく読む候補に入れましょう。数珠つなぎ的に過去の文献に遡れば、分野の核となる重要な論文にたどり着くことができます。重要と思う10本程度の論文をピックアップします。

▶ 効率良く論文に目を通す順序

論文は、上から全てを読む必要はありません。読み飛ばして、必要な場所のみを読みましょう。途中で「この論文は自分には不要そう」と判断した場合は、その論文を読むのを中断して別の論文を読んで構いません。また、よくわからない部分は飛ばして読んで大丈夫です（むしろ、わからない部分があって当然です）。あくまで「自分にとって必要な論文」を選別することが大切です。

論文の選別には、次の順序で要点を把握することがおすすめです。慣れてくると、数分〜10分程度で1つの論文の概要を掴むことができるようになります。

1. タイトル

タイトルは、論文の内容を短く的確に表現した部分です。タイトルで論文の核心がわかるので、必ず注意深く読みましょう。タイトルに含まれるキーワードにも注目しましょう。

2. 全体をざっと眺める

全体をザーッと見ましょう。「11ページだ」「数式が多いな。理論系の論文かな？」「カラフルな図が多いな」程度の情報を把握できれば大丈夫です。大まかな構成を理解しましょう。

3. 図を見る

図は論文で最も大切な要素の1つです。文章だけでは説明が難しい内容を、著者が図を用意してわかりやすく説明しています。図から得られる情報がたくさんあります。キャプション（図のタイトル）や数値に着目しましょう。この論文のキーワードや、グラフで増加/減少している重要なパラメータを把握できるはずです。

4. 著者・所属

論文の著者のうち、先頭の名前の人が筆頭著者と呼ばれます。多くの場合、筆頭著者はこの研究の中心担当者です（一部の分野では五十音・アルファベット順で表記されることもあります）。研究のメンバーや所属を把握しておくと、他の論文に登場したときの人物関係がわかります。

5. 概要・要旨（Abstract）を読む

論文の冒頭には、この論文全体を要約した概要が掲載されています。概要には、研究目的や背景、研究の意義、手法、結果、結論の要素が全て詰まっています。論文全体の重要な点が短くまとめられているため、「自分にとって必要な論文」を見極める上で非常に重要です。丁寧に読みましょう。

6. まとめ・結論（Conclusion）を読む

論文の最後に、研究結果をまとめた結論が掲載されています。全体の振り返りとして、研究の成果の不可欠な詳細を言い換えてまとめています。また、今後の展望や未解決の課題なども記載されます。

以上の 6 ステップで論文を読めば、素早く概要を把握することができます。必要と判断した論文のみを、じっくりと読みましょう。論文は「たくさん読むこと」を「1 つを精読すること」よりも優先させます。論文 1 本あたりにかける制限時間を決めて、たくさんの論文を読んでみましょう。慣れないうちは 20 分以内、慣れてきたら 10 分以内が目安です。

丁寧に論文を読む

自分にとって必要な論文を 10 本ほど選別できたら、丁寧に読んで、要点をまとめます。ここでは、丁寧に内容を読みつつも、必要な情報を素早く把握する方法を紹介します。

「6 つのポイント」で、要点をスライドに整理しながら読む

前節で紹介した、論文の要点を把握する 6 つのポイントを整理します。要点をまとめたスライドを作成することで、自分の理解が深まるだけでなく、内容の復習が容易になります。
スライドを完璧に仕上げることにこだわる必要はありません。後から自分が読み返して内容を思い出せるという、適度な情報量のスライドを作成しましょう。

パラグラフの第 1 文のみを読む

パラグラフの第 1 文に注目することで、パラグラフ全体の重要な点を素早く把握できます。特に英語の論文は、パラグラフ・ライティングという手法で書かれていることが多いです。パラグラフ・ライティングとは、第 1 文にパラグラフを要約したトピックセンテンスを記し、2 文目以降にそれを補助するサポーティングセンテンスを記載する手法です。第 1 文がパラグラフの要約文になっているため、第 1 文のみを読めば、パラグラフの内容を大まかに把握できます。

導入（Introduction）を読む

導入では、研究分野の歴史、先行研究、研究の意義がまとめられています。その論文の研究分野に詳しくなくても、研究背景を細かく知ることができます。また、導入部分で紹介されている文献は、過去の重要な研究である可能性が高いため、その文献を同時に読んでみるのもおすすめです。

第 1 章　レポートを書く前に
第 2 章　文献を探す・読む
第 3 章　快適な日本語入力
第 4 章　効率良く仕上げる
第 5 章　レポートの基本
第 6 章　ショートカットキー
第 7 章　数式
第 8 章　図
第 9 章　表
第 10 章　発展ワザ

04 文献引用のルールを理解しよう

 この論文は自分の研究にとても参考になるなぁ！
あれ、文献ってどのように引用すればいいのだろう？

 文献の引用にはルールがありますよ！
きちんと理解して、適切に文献を引用しましょう。

文献を引用する意義

▶ 積極的に文献を引用しよう

論文・レポートでは、多数の文献を参考にすることで、自身の主張の説得力を高めることができます。研究では、様々な研究者の視点を取り入れながら、広い視点で思考することが大切です。引用元を適切に明示して、積極的に文献を引用しましょう。

また、先行研究を適切に引用することにより、先行研究への尊敬や感謝を示すことに繋がります。さらに、あなたが執筆した論文・レポートに引用文献を記載して「あなたの調査・思考の過程」を共有することで、読者の次なる研究の補助となります。

▶ 不適切な「盗用」は避ける

文献から得た情報と自分の意見を混ぜてはいけません。文献を調べながら論文・レポートを執筆していると、つい文献の情報と自分の意見を混ぜてしまうことがあるため、要注意です。文献の情報と自分の意見は必ず明確に分けて記載しましょう。

また、他人の著作物（文・画像・グラフなど）を、あたかも自分が作成したかのように表現してはいけません。引用した場合は、きちんと引用元を明記しましょう。引用元を適切に明記しない場合、剽窃（盗用）とみなされて学術的に重い処分が下される場合があります。先行研究や著作物に対して敬意を払い、引用のルールを正しく守りましょう。

2種類の引用

▶ 直接引用

直接引用とは、原文の表現を変更せずに引用することです。

短文の場合

元の文を「　　」で囲んで示します。

短文直接引用サンプル

> 高橋・片山（2014）は、わかりやすい資料を作る上で最も大切な点は「伝えたい内容の意味的構造（ロジック）を見た目の物理的構造（レイアウト）に反映させること」と述べている。

長文の場合

長い文を引用する場合は、「　」ではなく、段落を分離します。引用箇所は、上下に1行ずつ空けて、インデントを下げます。引用部分の文字サイズを小さくすることもあります。本書のレポートテンプレートを使用している場合は、スタイルの「引用文」を使用することで、簡単に引用箇所を示すことができます。
途中で省略するときには「（中略）」または「[中略]」を入れます。

長文直接引用サンプル

> であった。高橋・片山（2014）は、わかりやすい資料を作る上で最も大切な点について、次のように述べている。
>
>> 資料の見た目やデザインに気をつけることは、表面的な努力と思われがちです。しかし、実際には、とても本質的な問題です。[中略] 伝えたい内容の意味的構造（ロジック）を見た目の物理的構造（レイアウト）に反映させること、つまりデザインすることが、わかりやすい資料を作る上でもっとも大切なのです。情報をデザインするためには、何が大切な情報で何が余計な情報なのかを正確に把握しなければいけませんし、事項同士の関係を正確に理解していなければなりません。情報を的確に取捨選択する必要も出てきます。要するに、資料の見た目に気をつけることは、自らが伝えたい内容に向き合い、整理していくという点で、非常に本質的な活動なのです。受け手を思いやり、情報のデザインを真剣に考えることは、単なる表面的な工夫ではなく、本質的な成長につながるのです。

▶ 間接引用

間接引用とは、引用したい内容を要約して引用することです。要旨を的確に要約し、原文との意味が違わないように注意します。間接引用にも出典を正しく示す必要があります。

間接引用サンプル

> 高橋・片山（2014）は、情報をデザインすることは、伝えたい内容の要素を正確に理解して整理することであり、本質的な活動であると述べている。

第1章 レポートを書く前に
第2章 文献を探す・読む
第3章 快適な日本語入力
第4章 効率良く仕上げる
第5章 レポートの基本
第6章 ショートカットキー
第7章 数式
第8章 図
第9章 表
第10章 発展ワザ

出典の表記

文献を引用したら、出典を適切に示す必要があります。**出典の表記方法は、大学・学科・学会等によって様々です**。状況に合わせて適切な表記にしましょう。

▶ 本文中の出典の明記
出典を示す方法には2種類あります。

ハーバード方式の引用例
著者名と発行年を本文中に示します。

> 高橋・片山（2014）は、情報をデザインすることは、伝えたい内容の要素を正確に理解して整理することであり、本質的な活動であると述べている。

> 情報をデザインすることは、伝えたい内容の要素を正確に理解して整理することであり、本質的な活動である（高橋・片山, 2014）。

バンクーバー方式の引用例
出典の通し番号を［1］のように本文中に示し、最後に参考文献リストとしてまとめます。

> 情報をデザインすることは、伝えたい内容の要素を正確に理解して整理することであり、本質的な活動である［1］。

▶ 参考文献リストの明記
論文・レポートの文書の末尾には、書誌情報を詳細に記載した参考文献リストを記載します。著者・タイトル・発行年・出版社・巻・ページ等を、**学科や学会で指定された順序・形式**に従って並べます。

ハーバード方式の文献リストの例

> 高橋佑磨・片山なつ（2014）『伝わるデザインの基本　よい資料を作るためのレイアウトのルール』技術評論社, p. 8.
> 井下千以子（2019）『思考を鍛えるレポート論文作成法［第3版］』慶應義塾大学出版会.

バンクーバー方式の文献リストの例

> ［1］高橋佑磨・片山なつ（2014）『伝わるデザインの基本　よい資料を作るためのレイアウトのルール』技術評論社, p. 8.
> ［2］井下千以子（2019）『思考を鍛えるレポート論文作成法［第3版］』慶應義塾大学出版会.

05 簡易的に参考文献を管理しよう

 レポートの参考文献を引用したいけど、どうやればいいかな？

 まずは、Word のみの機能を使って、簡易的に文献を管理してみましょう。

参考文献が 2 〜 3 件のときは、自力で参考文献リストを作成しても構いません。しかし、それ以上になると体裁を整えるのが面倒になります。

そこで、文献情報を Word に登録して、参考文献リストを自動作成しましょう。

引用スタイルの種類

Word の引用スタイルには代表的な 12 種類の引用スタイルが標準搭載されています。学科や学会で指定されたスタイルを選びましょう。Word では、引用スタイルを自分で編集するのが非常に難しいです。もし当てはまるスタイルがない場合は、文献管理ツールの Mendeley を使います。「引用スタイルをカスタマイズしよう」 参照 p.52 で、Mendeley の引用スタイルを自分で設定する方法を紹介します。

書籍の引用スタイルの表記一覧

スタイル名	本文中の引用	文献情報
APA（第 6 版）	[姓, 発行年]	姓 名.（発行年）. タイトル. 地名：出版社.
Chicago（第 15 版）	[姓 発行年]	姓 名. タイトル. 地名：出版社, 発行年.
GB7714（2005）	[姓, 発行年]	姓 名. 発行年. タイトル. 地名●：出版社, 発行年.
GOST: タイトル順（2003）	[姓, 発行年]	タイトル[書籍]/ 著作 姓 名. - 地名●：出版社, 発行年.
GOST: 名前順（2003）	[姓, 発行年]	姓 名 タイトル [書籍]. - 地名●：出版社, 発行年.
Harvard - Anglia（2008）	[姓, 発行年]	姓, イニシャル., 発行年. タイトル. 地名●：出版社.
IEEE（2006）	[連番]	[連番] イニシャル. 姓, タイトル, 地名：出版社, 発行年.
ISO 690: 最初の要素と日付（1987）	[姓, 発行年]	姓 名. 発行年. タイトル. 地名●：出版社, 発行年.
ISO 690: 参照番号（1987）	[連番]	連番. 姓 名. タイトル. 地名●：出版社, 発行年.
MLA（第 7 版）	[姓]	姓 名. タイトル. 地名：出版社, 発行年.
SIST02（2003）	（姓, 発行年）	姓 名 タイトル. 地名●, 出版社, 発行年.
Turabian（第 6 版）	[姓 発行年]	姓 名. タイトル. 地名：出版社, 発行年.

※「地名●」と表記したものは、地名が入力されていない場合「出版地不明」と表示されます。

※「イニシャル」の名前表示だと、日本人は「夏目, 漱」のように名前の 1 文字目しか表示されません。英語著者のみの場合に使うようにしましょう。

参考文献情報の登録

1. Word 文書を開く

2. 文献追加画面を表示する

▶ ［参考資料］タブ（Mac の場合は ［参照設定］タブ）
▶ 「引用文献の挿入」
▶ 「新しい資料文献の追加」をクリック

すると、文献の登録画面が表示されます。

3. 文献情報を登録する

❶ 資料文献の種類

文献の種類を選択します。

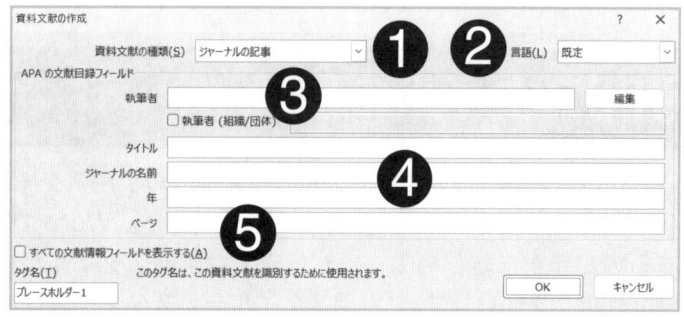

- 書籍
- ジャーナル記事
  （→学術雑誌論文用）
- 論文 / レポート
- Web サイト
- 新聞記事
  （→定期刊行物記事用）

など 17 種類から選べます。

❷ 言語

「既定」は Word の使用言語（日本語）が選択されます。「英語」と指定すると、参考文献リストが英語で表記されます。

❸ 著者・執筆者

アルファベットの名前であれば、フィールドにそのまま入力します。
日本人の名前の場合、半角スペースを空けて入力すると、姓名が逆になってしまいます。
そこで、「夏目 , 漱石」のように半角カンマで姓名を区切ると、正しい順序で記載されます。
また、複数の著者を入力するときには、半角セミコロン（;）で区切ります。

❹ タイトル・年・発行元

「タイトル」には、出版物のタイトルを正確に記入します。
「年」には、発行年を西暦で記入します。
「市区町村」は不明なら空欄でも構いません。
「出版元」には、文献を発行する出版社名や掲載された論文誌名を記入します。
Web サイトであれば URL を記入します。

❺ すべてのフィールドの表示

「すべての文献情報フィールドを表示する」をクリックすると、他の入力フィールドが表示されます。

書籍や論文であれば「巻」・「ページ」、Web サイトであれば「アクセスした年月日」を記入するとよいでしょう。

「OK」を押せば登録完了です。

本文に引用する

先ほど登録した文献を本文に引用する方法を紹介します。

1. 引用スタイルを指定する

参考文献タブ「引用文献の挿入」で、引用スタイルを指定します。例えば今回は APA スタイルを使用します。

2. 引用位置にカーソルを移動する

本文で引用したい位置をクリックしてカーソルを移動します。

3. 引用文献を挿入する

参考文献タブ「引用文献の挿入」から引用したい文献名をクリックします。
すると、引用スタイルに応じて、本文に引用文献が挿入されます。

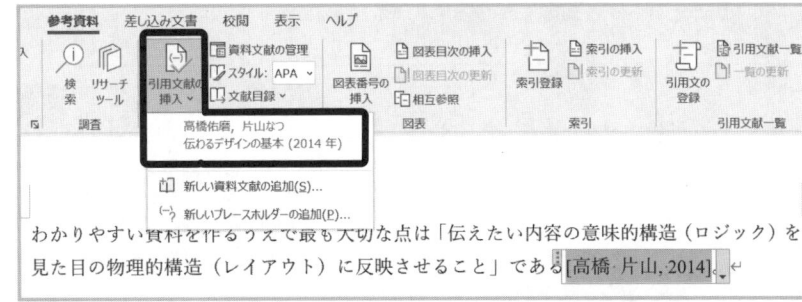

文献情報を編集する

登録した文献の情報を修正したいときには、次の手順で編集します。

引用文献を右クリックする

変更したい引用文献を右クリックします。右クリックメニューから「資料文献の編集」をクリックします。すると、文献情報の編集画面が表示されます。登録時と同様に情報を編集できます。

第1章 レポートを書く前に

第2章 文献を探す・読む

第3章 快適な日本語入力

第4章 効率良く仕上げる

第5章 レポートの基本

第6章 ショートカットキー

第7章 数式

第8章 図

第9章 表

第10章 発展ワザ

参考文献リストを表示する

Wordで引用文献を管理すると、参考文献リストを自動で作成できます。

▶ ［参考資料］タブ
▶ 文献目録
▶「参照文献」

これで参考文献リストを作成できます。

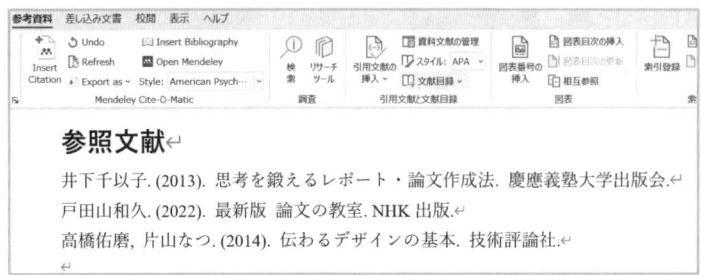

参考文献リストを作成した後に、文献を新たに追加した場合は、「引用文献と文献目録の更新」をクリックします。すると、参考文献リストの一覧が更新されます。

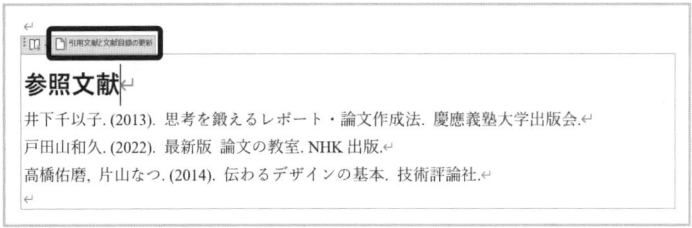

06 Mendeleyで参考文献を管理しよう

 Word 標準の参考文献機能だと、自分の学科の引用スタイルと合わないし、文献の情報を手動で入力するのが面倒だな…。

 無料の Mendeley を使えば、引用スタイルを変更したり、書誌情報を自動で登録したりできて、とても便利ですよ！

Mendeleyとは？

Mendeley は Elsevier 社が提供する無料の文献管理ツールです。Windows および Mac で使用できます。論文や書籍の情報を入力して管理したり、論文の PDF をクラウド上に保存したりできます。Mendeley に論文の PDF を追加して、PDF から書誌情報を自動で抽出する機能があります。英語のツールですが、操作はそこまで難しくありません。

Mendeleyをインストールする

▶ ユーザー登録

ブラウザで https://www.mendeley.com にアクセスします。
[Create a free account] をクリックして、メールアドレス・パスワード・氏名等を登録します。大学のメールアドレスで登録すると、所属大学が Mendeley と提携していれば、機関版の Mendeley を使用できます。機関版の Mendeley は、最大 100 GB の容量を無料で使用できます。送信された確認メールのリンクをクリックしてサインインします。

Mendeley のトップ画面

▶ Mendeley Reference Manager をインストールする

Mendeley Reference Manager をダウンロードし、画面の指示に従ってインストールします。デスクトップ画面に表示された Mendeley Reference Manager をクリックして起動します。
メールアドレスとパスワードの入力を求められます。登録したメールアドレスとパスワードを入力してサインインしてください。

MendeleyのWordプラグインを導入する

Mendeley の書誌情報を Word で使えるようにするには、プラグインをインストールします。

▶ Mendeley Reference Manager を起動する
▶ [Tools] メニューから [Install Mendeley Cite for Microsoft Word] をクリックする

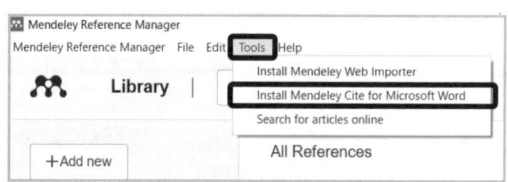

▶ ブラウザが起動し Microsoft AppSource の画面に移行する。画面の指示に従って Word プラグインをインストールする
▶ インストールが完了したら、ブラウザの「Word で開く」をクリックする。画面右側のメニューで「このアドインを信頼」をクリックする
▶ Word の [参考資料] タブ（Mac の場合は [参照設定] タブ）に Mendeley の項目が表示されていることを確認する

Mendeleyに書誌情報を登録する

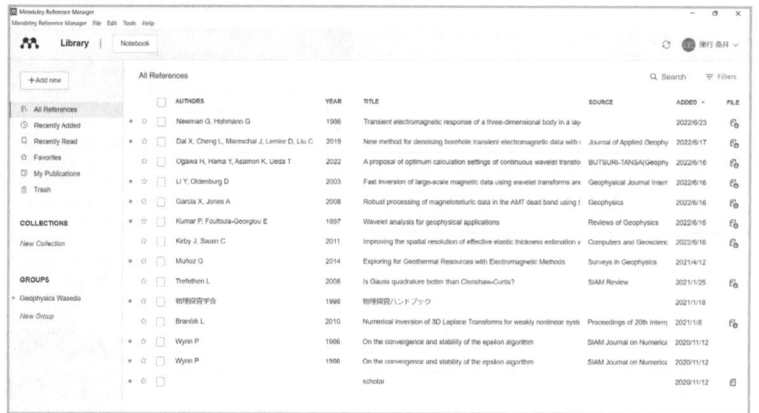

Mendeley Reference Manager のトップ画面

▶ PDF から自動的に登録する

学術誌に掲載された論文等の文献は、PDF を Mendeley にインポートするだけで、書誌情報を自動的に取得できます。

PDF をドラッグ＆ドロップする

Mendeley の画面中央に、文献の PDF ファイルや PDF が入ったフォルダをドラッグ＆ドロップすれば、簡単にインポートできます。

ファイル / フォルダを開く

[File] メニューから [Add Files] または [Add Folder] を選択し、文献の PDF を選択して開きます。

書誌情報を修正する

PDF をインポートして自動的に登録された書誌情報が誤っていることがあります。そのときは、画面右側の [Details] タブで書誌情報を修正しましょう。

▶ 書誌情報を手動で登録する

PDF のない論文や書籍の場合は、手動で書誌情報を登録します。

- ▶ [File] メニュー
- ▶ [Add Entry Manually] を選択する

表示された画面の DOI（論文や書籍の固有識別子）欄に、DOI をコピー＆ペーストして貼り付けて検索ボタンをクリックすると、タイトル・著者・雑誌・発行年等の書誌情報が自動的に入力されます。DOI のない論文の場合は、書誌情報を手動で登録してください。

便利な使い方

Mendeley は文献を高度に管理することができます。

フォルダやタグで分類する

文献をフォルダで分類したり、タグ付けしたりすることによって、文献を分類できます。

お気に入りに登録する

特に重要な文献には Favorites としてお気に入りを表す★印を付けられます。

グループ機能で他人と共有する

Mendeley グループ機能を使えば、研究室やゼミ内で論文の PDF や書誌情報を共有できます。[Create Group…] から Private Group を作成して、他のユーザーを招待しましょう。

第1章 レポートを書く前に
第2章 文献を探す・読む
第3章 快適な日本語入力
第4章 効率良く仕上げる
第5章 レポートの基本
第6章 ショートカットキー
第7章 数式
第8章 図表
第9章 表
第10章 発展ワザ

07 Mendeleyで参考文献を引用しよう

 Mendeley に登録した文献は、
どうやってレポートに引用すればいいのかな？

 Mendeley の Word プラグインを活用すれば、
簡単に引用できますよ！

レポートに文献を引用する

1. Word 文書を開く

Word 文書を開きます。文献を引用したい箇所をクリックして、マウスカーソルを移動させておきましょう。

2. Mendeley Cite を起動する

[参考資料] タブの「Mendeley Cite」のボタンをクリックします。すると、右側に Mendeley Cite の画面が表示されます。初回はログインが必要です。

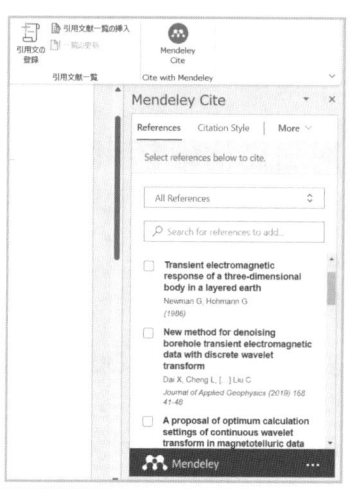

3. 引用スタイルを指定する

Mendeley 画面中央上の「Citation Style」から引用スタイルを選択します。主要な引用スタイルを選択できます。自分の希望する引用スタイルが一覧になければ、次節で紹介する方法で引用スタイルを自作できます。

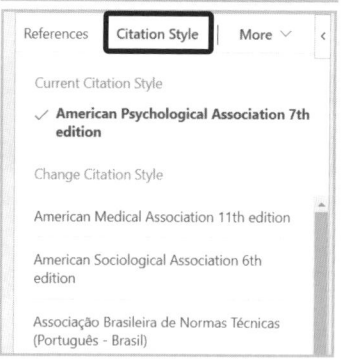

4. 文献を検索する

「References」をクリックします。表示されたフィールドで、文献を検索します。著者名やタイトルを入力して検索できます。
共有グループの文献を引用したいときは、
[All References] をクリックしてから、グループ名に変更します。

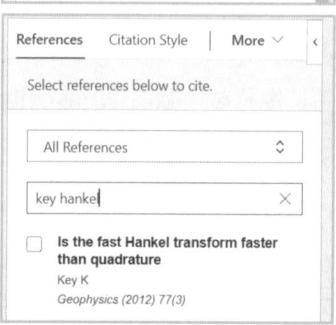

5. 文献を引用する

引用したい文献が検索結果に表示されたら、チェックボックスをクリックします。すると、画面上部に著者名と発行年が表示されます。[Insert 1 citation] をクリックすれば、文書の本文に引用されます。

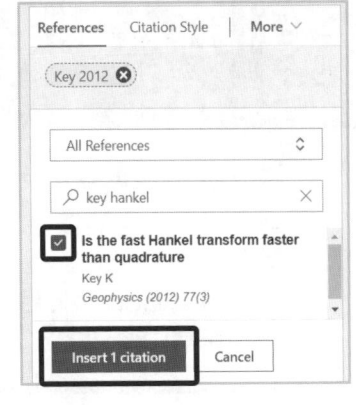

> Hankel 変換の半無限積分を安定して計算するために外挿求積（QWE）法が提案された(Key, 2012)。

POINT

「著者（年）」で引用したいとき

Mendeley の本文引用では、（著者，発行年）のように表記されます。しかし、「Key（2012）は、」のように、「著者（年）」で表記したいことがあります。そのときは、検索画面でチェックボックスをクリックした後に表示される著者名と発行年のボタンをクリックします。Edit Reference の画面から「Suppress author」のチェックボックスを入れて [Save changes] をクリックします。すると、発行年のみが残ります。発行年の直前に著者名を手入力して「著者（年）」の表記に変更できます。

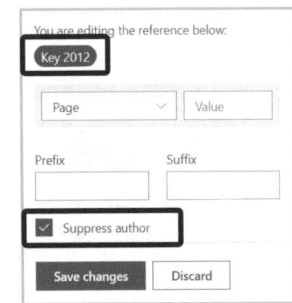

参考文献リストを作成する

参考文献リストは簡単に作成できます。

▶ 参考文献リストを挿入する位置をクリックして、カーソルを移動する
▶ 画面右上の「More」
▶ Insert Bibliography をクリック
▶ Continue をクリック

これで、参考文献リストが挿入されました。

Dai, X., Cheng, L. Z., Mareschal, J. C., Lemire, D., & Liu, C. (2019). New method for denoising borehole transient electromagnetic data with discrete wavelet transform. *Journal of Applied Geophysics*, *168*, 41–48. https://doi.org/10.1016/j.jappgeo.2019.05.009

Garcia, X., & Jones, A. G. (2008). Robust processing of magnetotelluric data in the AMT dead band using the continuous wavelet transform. *Geophysics*, *73*(6). https://doi.org/10.1190/1.2987375

Key, K. (2012). Is the fast Hankel transform faster than quadrature. *Geophysics*, *77*(3). https://doi.org/10.1190/geo2011-0237.1

Kumar, P., & Foufoula-Georgiou, E. (1997). Wavelet analysis for geophysical applications. *Reviews of Geophysics*, *35*(4), 385–412. https://doi.org/10.1029/97RG00427

Trefethen, L. N. (2008). Is Gauss quadrature better than Clenshaw-Curtis? *SIAM Review*, *50*(1), 67–87. https://doi.org/10.1137/060659831

レポートを書く前に 第1章
文献を探す・読む 第2章
快適な日本語入力 第3章
効率良く仕上げる 第4章
レポートの基本 第5章
ショートカットキー 第6章
数式 第7章
図 第8章
表 第9章
発展ワザ 第10章

08 引用スタイルをカスタマイズしよう

Mendeley のスタイル一覧には、自分の学科に合うスタイルがないな…。

Mendeley では、スタイルを自分でカスタマイズできるので、非常に便利ですよ！

Mendeley は 7000 以上の引用スタイルに対応していますが、学科や学会独自の引用スタイルには対応していない場合があります。そのときは、自分で引用スタイルを設定しましょう。作成した引用スタイルを URL で研究室・ゼミ内に共有したり、外部に公開したりできます。

CSLを使って引用スタイルを設定する

Mendeley は Citation Style Language（CSL）と呼ばれるフォーマットを使用して引用スタイルを指定しています。Mendeley の CSL Editor を使って、引用スタイルを編集しましょう。

▶ CSL Editor の使い方

Mendeley が公式で「Mendeley CSL Editor 利用ガイド」をインターネット上に公開しています。Google などの検索エンジンで「Mendeley CSL」と検索してください。
CSL Editor は非常に多機能です。最初はやや難しく感じられますが、徐々に理解できるようになります。
本書では、細かい使い方の説明は省略します。
CSL Editor で編集する大まかな手順は次の通りです。

1. 基準となるスタイルを選択する
2. 本文引用箇所のスタイルを編集する
3. 参考文献リストのスタイルを編集する
4. URL を取得する
5. Word に適用する

一度設定すれば、論文・レポートの参考文献の作業が非常に楽になります。ぜひ設定してみてください。

第3章

日本語入力を
快適にしよう

01　Google日本語入力で快適に　　　　　　　　　54

02　かな入力で、半角英数字を入力しよう　　　　56

03　句読点をピリオドやカンマにしよう　　　　　58

01 Google日本語入力で快適に

 日本語入力をもっと楽にできるといいなぁ。

 Google 日本語入力を活用すれば、もっと快適に入力できますよ！

無料の日本語入力システム「Google 日本語入力」を活用すれば、快適に日本語を入力できるため、おすすめです。

Windows 標準の日本語入力システム（Microsoft IME）は、かな入力モード時に英数字を入力すると、全角英数字が入力されてしまいます。レポートには全角英数字は不適であるため、少々不便です。

Mac 標準の日本語入力システム（日本語 IM）はかな入力モード時に半角英数字を入力できる設定があるため、Google 日本語入力を使わなくてもよいです。

Google日本語入力の特徴

Google 日本語入力は、以下の点において優れています。

- かな入力モードで、半角英数字を直接入力できる
- きめ細かくカスタマイズできる
- 人名・地名やマイナーな固有名詞にも対応した高性能な予測変換
- 予測変換履歴を保存しないシークレットモードに切替可能

インストール方法

Windows と Mac で基本的な流れは共通です。

1. ダウンロードする

Google 日本語入力の公式サイトからダウンロードします。

https://www.google.co.jp/ime/

「Google 日本語入力」と検索して、最上部に出てきたサイトをクリックしてもよいです。

2. インストールする

「WINDOWS 版をダウンロード」や「MAC 版をダウンロード」をクリックしてダウンロードします。
ダウンロードしたファイルを実行して、画面の指示に従ってインストールします。

3. 完了の確認

Windows の場合

画面下部タスクバーの右側に、青丸のアイコンが表示されていれば準備完了です。もし表示されていなければ、⊞ + Space で入力システムを切り替えます。

Mac の場合

画面上部のメニューバーの右側に青色で A または あ と表示されていれば準備完了です。もし表示されていなければ、Ctrl + Space で文字入力モードをクリックして「ひらがな（Google）」に切り替えます。

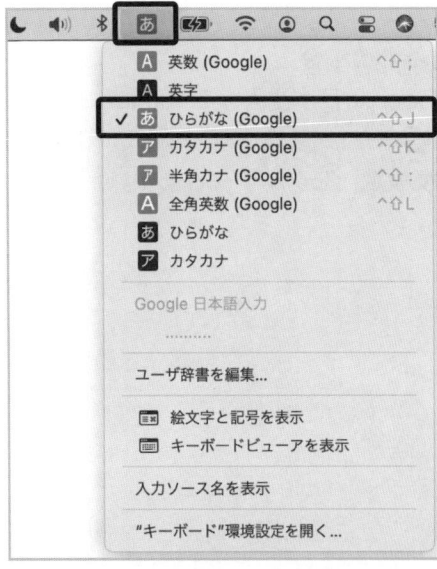

第1章 レポートを書く前に
第2章 文献を探す・読む
第3章 快適な日本語入力
第4章 効率良く仕上げる
第5章 レポートの基本
第6章 ショートカットキー
第7章 数式
第8章 図
第9章 表
第10章 発展ワザ

02 かな入力で、半角英数字を入力しよう

全角入力モードだと、英数字も全角で入力されてしまう。
いちいち半角に切り替えるのが面倒だ…！

設定を変更すれば、半角英数字を直接入力できますよ！

レポートには半角英数字を使います。全角英数字を使ってはいけません（「やってはいけない書き方」 参照 p.74 ）。ここでは、Google 日本語入力や Mac 標準の日本語入力システム（日本語 IM）の設定方法を紹介します。なお、Windows 標準の Microsoft IME では、全角入力モードで半角数字を直接入力することはできません。

Google日本語入力の場合

1. Google 日本語入力の設定画面を開く

Windows の場合
タスクバーの入力モードが Google 日本語入力の青いアイコンが表示されていることを確認します。左隣の あ を右クリックし、「プロパティ」を選択します。

Mac の場合
Google 日本語入力モードになっていることを確認します。A または あ をクリックし、「Google 日本語入力」の「環境設定」をクリックします。

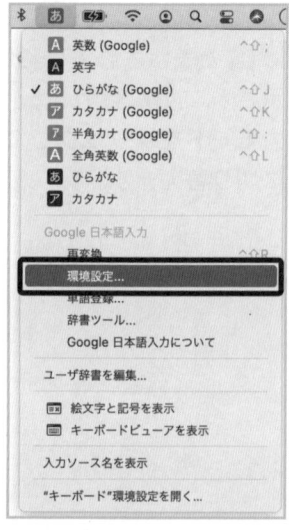

2. 半角・全角を変更する

［入力補助］タブにある「半角・全角」の欄を調整します。
「学習」とは、前回の変換に応じて、半角か全角かを決める方法です。
以下の表で、特に太字の欄は設定を変更することを推奨します。

半角・全角の変換スタイル

文字グループ	変換前文字列	変換中文字列
カタカナ	全角	全角
アルファベット	**半角**	**半角**
数字	**半角**	**半角**
(){} []	全角	学習
.,	全角	学習
。、	全角	全角
" '	半角	学習
:;	半角	半角
#%&@$^_\	**半角**	半角
~	全角	学習
<>=+-/*	**半角**	半角
?!	全角	学習

設定が完了したら「適用」をクリックして、終了
します。

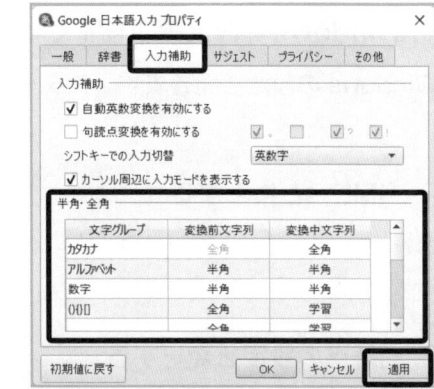

Macの場合

Mac の日本語入力システムは、標準設定ではアルファベットは半角入力、数字は全角入力されます。いずれも半角入力するよう設定を変更しましょう。

▶ システム環境設定
▶ キーボード
▶ 入力ソース
▶ 日本語 – ローマ字入力
▶ （下にスクロールする）
▶ 「数字を全角入力」をオフにする

これで、英数字が半角で入力されるようになりました。

第1章 レポートを書く前に
第2章 文献を探す・読む
第3章 快適な日本語入力
第4章 効率良く仕上げる
第5章 レポートの基本
第6章 ショートカットキー
第7章 数式
第8章 図
第9章 表
第10章 発展ワザ

03 句読点をピリオドやカンマにしよう

「句読点はピリオドとカンマを使うように」と指定されたけど、
いちいち変換するのは面倒だな…。

設定を変更すれば、楽に入力できますよ！

日本語の句読点でピリオド・カンマを使用する場合、全角ピリオド・全角カンマを使用します。設定を変更して、句読点をピリオド・カンマで入力できるようにしましょう。
「。と,」や「．と、」のように、句読点の種類を混合することもできます。

Windowsの場合

1. Windows の設定画面を開く

Windows の設定を開きます。スタートメニューから開くか、⊞ + Ｉ で開けます。

2.「IME」と検索する

検索ボックスで「IME」と検索し、「日本語 IME 設定」を開きます。

3. 句読点の設定を変更する

▶ 全般
▶ 句読点

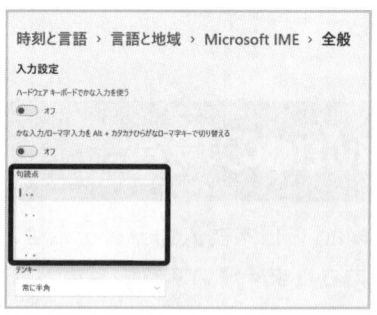

で、句読点の組み合わせを選択します。
「、。」「，．」「、．」「，。」の 4 種類から選べます。

Google日本語入力の場合

1. Google 日本語入力のプロパティを開く

Windows の場合
タスクバーの入力モードが Google 日本語入力の青いアイコンが表示されていることを確認します。左隣の「あ」を右クリックし、「プロパティ」を選択します。

Mac の場合
Google 日本語入力モードになっていることを確認します。Ａ または あ をクリックし、「Google 日本語入力」の「環境設定」をクリックします。

2. 句読点を設定する
[一般] タブの「句読点」で句読点の組み合わせを選択します。

Macの場合

- ▶ システム環境設定
- ▶ キーボード
- ▶ 入力ソース
- ▶ 日本語 - ローマ字入力
- ▶ （下にスクロールする）
- ▶「句読点の種類」から選択する

レポートを書く前に　第1章
文献を探す・読む　第2章
快適な日本語入力　第3章
効率良く仕上げる　第4章
レポートの基本　第5章
ショートカットキー　第6章
数式　第7章
図　第8章
表　第9章
発展ワザ　第10章

第4章

効率良く仕上げる

01 見直しの重要性   62

02 誤字脱字を発見しよう   64

03 スッキリした画面表示で見直そう   66

04 コメント機能で添削メッセージを残そう   68

01 見直しの重要性

 ふぅ、レポート書き終わった！ さぁ提出しようっと！

 待って！ きちんと見直しましたか？
提出する前にまずは見直しましょう。

レポートは必ず見直そう

▶「本当に見直した？」

論文・レポートを書き終えて見直しせずに提出してしまう人がいます。見直せば明らかに気づくであろう誤字や、指定された様式に不適合なレポートが見られます。
「自分のレポートを読み返す気になれない」という人もいますが、そもそもレポートは他人に読んでもらい「伝える」ことが目的です。「自分でも読みたくない文章を他人に読ませる」という行為は読み手に失礼です。確かにレポートを執筆した瞬間の解放感はとてもよくわかります。しかし、せっかく時間をかけて執筆した論文・レポートです。必ず自分で読み直して、より質が高まるように改善しましょう。

▶ 一発で完成することはない

論文・レポートを一発でノーミスで完成させることはできません。文章執筆は、単語・文の構成や論理展開等を同時に考える複雑な作業です。様々なことに配慮していると、どうしても誤字脱字のミスや不明瞭な部分が出てきます。それは仕方のないことです。だからこそ、第三者の目線に立って自分の文章を読み返して、より良くなるよう改善していきましょう。一発で完成させようと思わず、漆塗りのように何度も重ねることで完成させるイメージを持ちましょう。

▶ 批判の目で読み返す

あなたのレポートには必ずミスがあります。少なくとも3箇所はあるでしょう。文章を読み返すときには、「絶対にミスを見つけてやる！」という気持ちになりましょう。視点を切り替えるだけでより多くのミスを発見できるようになります。「こんなもんだろう。大丈夫だ」とミスが無い前提で読んではいけません。執筆後は休憩して頭をリフレッシュさせて、「校閲者モード」で読み返すことを習慣にしましょう。

見直しの手順

見直しを 1 回だけしても、全ての改善点を見つけることは難しいです。3 段階に視点を変えながら見直すことで、より良いレポートに仕上げることができます。

1. 全体の構成を見直す

論文・レポートの全体の構成を見直します。

- 導入から結論まで内容が一貫している
- 見出しの付け方が適切である
- 章・節・項のレベルが正しい階層構造になっている

2. 詳細な部分を見直す

単語や文を詳しく見て、語句が適切に用いられているかを確認します。誤字脱字や文法的なミスがないかを確認しましょう。レポートの執筆中は、字数を稼ごうとして冗長な表現になりがちです。レポートは長く書けばよいのではありません。「読み手が読みやすい」ことが大切です。端的に表現できないか、改めて検討しましょう。推敲すれば 1 〜 2 割文字数を削減できることが多いです。

3. 体裁を確認する

論文・レポートには内容や体裁が指定されます。例えば、以下の項目を満たしているかに注目しながら見直してみましょう。

- 指定された記載項目を述べている
- 名前・学籍番号・所属を表記
- 表紙の有無
- ページ番号の記載
- 参考文献を適切に記載
- 文字数の基準を満たしている

文字数の指定が、「1000 文字程度」のように目安が書かれている場合は、基準文字数の上下 20 ％以内、可能なら上下 10 ％以内に収めるとよいでしょう。

第1章 レポートを書く前に
第2章 文献を探す・読む
第3章 快適な日本語入力
第4章 効率良く仕上げる
第5章 レポートの基本
第6章 ショートカットキー
第7章 数式
第8章 図
第9章 表
第10章 発展ワザ

02 誤字脱字を発見しよう

 レポートが返却されたけれど、誤字がたくさん指摘されている…。

 提出前に、Word の機能を使って誤字脱字を見つけておくことが大切です。

Wordの文章校正機能

Word には文章校正機能があります。この機能は、自分では見つけにくい誤字脱字や文法の誤りを検出することができます。十分に活用すれば、ミスの少ないレポートを作成できます。

▶ 文章校正の記号

Word で文章を書いていると赤波線や青二重線で文章の誤り候補が指摘されます。右クリックすると、その指摘理由や修正候補が表示されます。

誤字・誤りの候補（赤波線）

- 英語のスペルミス
- 文字の重複
- 助詞の連続

```
beatiful ↵
文字がが重複している。
店にが行った↵
```

完全な誤りとはいえない修正候補（青二重線）

- 表記のゆらぎ
- 「たり」が1回しかない
- くだけた表現
- ら抜き言葉・い抜き言葉

```
ユーザーとユーザ。↵
話したり歌った。↵
全然大丈夫だ。↵
ピーマンは食べれる。↵
入力してます。↵
```

▶ 文書全体を文章校正する

文書全体を校正するときは、[校閲] タブの「スペルチェックと文章校正」をクリックします。校正候補が右側に表示されます。修正すべき箇所は修正し、修正が不要な箇所は「無視」をクリックします。

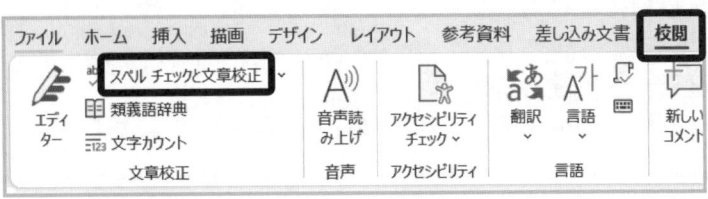

▶ 校正ルールを変更する

指摘の量や指摘内容を調整できます

- ▶ [ファイル] タブ
- ▶ オプション
- ▶ 文章校正
- ▶「文書のスタイル」の「設定」をクリック

文体

「『だ・である』体に統一」を選択すれば、常体でない場合に指摘してもらえます。

英文字設定

英文字設定では「半角に設定」を選択すれば、うっかり全角英字を入力したときにも、指摘してもらえます。

句点・読点

句読点を全角ピリオドや全角カンマに統一する場合に便利です。

03 スッキリした画面表示で見直そう

見直しするときに、改行記号や表の点線が表示されて見直ししにくいな…。

閲覧モードで読み返せば、スッキリしていてミスを見つけやすくなりますよ！

通常のWordの画面は「印刷レイアウト」モードで表示されています。紙面に印刷される見た目の画面で編集できます。Wordにはその他にも「閲覧モード」「印刷プレビュー」「全画面表示」の表示モードがあります。見た目が変わることで、見直しや執筆に集中できます。表示を切り替えても文書の内容には全く影響がないので、安心して試してみましょう。

閲覧モードを使う

閲覧モードとは、電子書籍のように文字幅を自由に変更して文章を読む機能です。改行など余計な編集記号が表示されないため、文章を読むことに集中できます。文章のミスに気づきやすいです。

閲覧モードはWordの画面下部ステータスバーの右側に表示される見開きの本のアイコンをクリックします。←→キーを使って画面を移動できます。

終了するときは、ESCキーを押すか、ステータスバーの閲覧モードの左隣「印刷レイアウト」アイコンをクリックします。

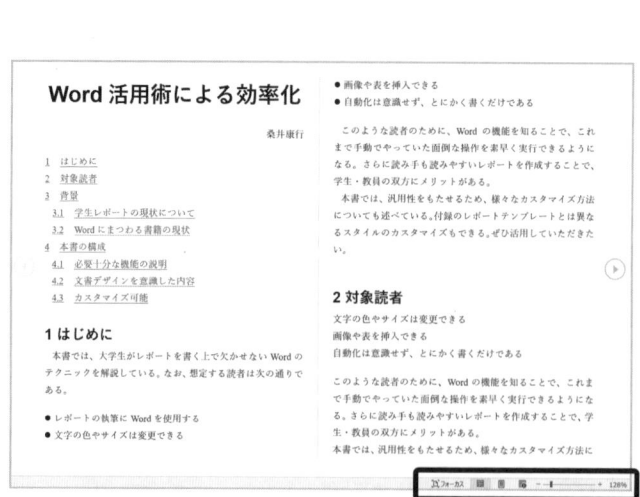

印刷プレビューを使う

印刷プレビューは、印刷するときや PDF にエクスポートするときの見た目で表示します。
印刷直前には必ず確認するようにしましょう。
印刷プレビューを表示するには、

▶ ［ファイル］タブ
▶ 印刷（Mac の場合は「プリント」）

とすれば、画面右側に表示されます。
`Ctrl` + `P` （Mac の場合は `⌘` + `P`）で表示することもできます。

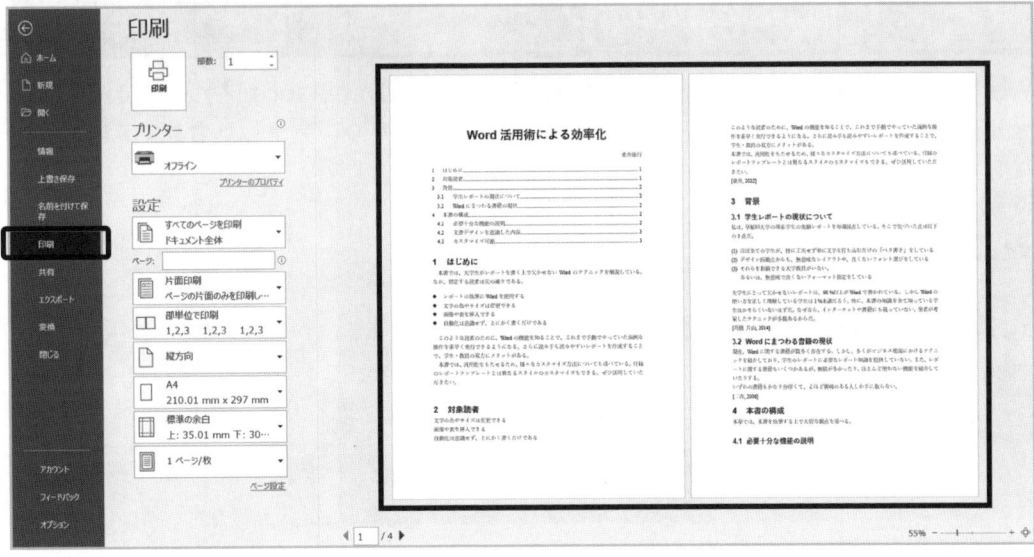

PDFに変換する

PDF に変換すると、紙に印刷した状態と同じ見た目になります。
「PDF に変換しよう」 参照 p.112 で Word から PDF に変換する方法を紹介しています。
編集記号が表示されず、見直ししやすくなります。印刷前に確認しておきましょう。

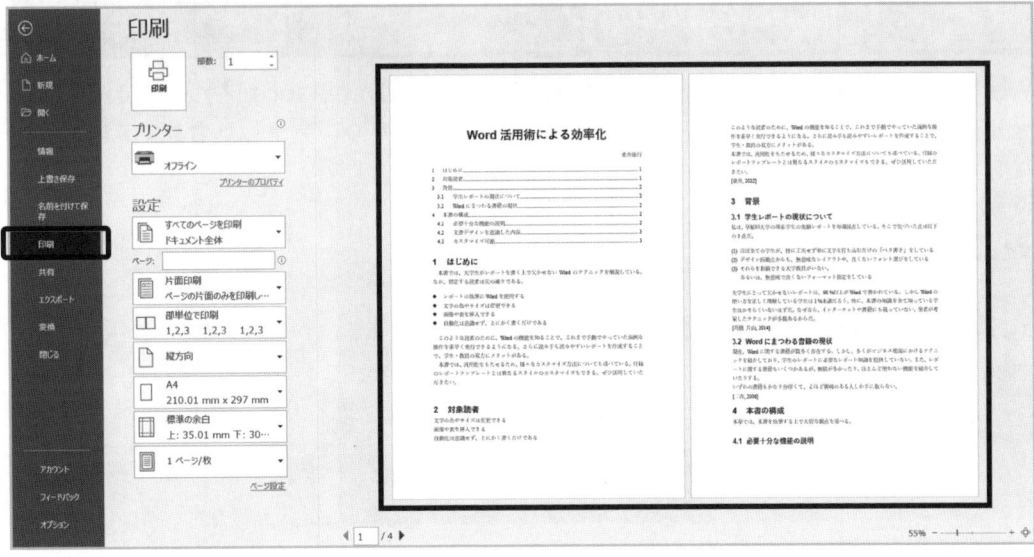

第1章 レポートを書く前に
第2章 文献を探す・読む
第3章 快適な日本語入力
第4章 効率良く仕上げる
第5章 レポートの基本
第6章 ショートカットキー
第7章 数式
第8章 図
第9章 表
第10章 発展ワザ

04 コメント機能で添削メッセージを残そう

 レポートを他の人に添削してもらいたいな！ どうすればいいかな？

 Word のコメント機能を使えば、
スムーズにコメントをやり取りできますよ！

コメント機能を使おう

Word には、特定の部分にコメントを添付できます。他人が Word ファイルで添削するときには、コメント機能が便利です。コメントに返信したり、完了したコメントは非表示にしたりできます。

▶ コメントを付ける

1. 該当箇所を選択状態にする

コメントを付けたい箇所をドラッグして選択状態にします。

> ここで、ゴメント機能の使い方を紹介する。↵

2. コメントを付ける

[校閲] タブの「新しいコメント」からコメントを記載します。
ショートカットキーは Ctrl + Alt + M （Mac の場合は ⌘ + ⌥ + A ）です。
挿入が完了したら、Ctrl + Enter （Mac の場合は ⌘ + return ）でコメントを投稿します。

> ここで、ゴメント機能の使い方を紹介する。↵

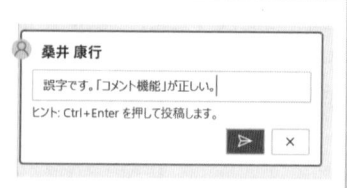

▶ コメントに返信する

コメント欄の「返信」をクリックすると、新たにコメントを追加できます。

▶ コメントを完了にする

コメントの「…」のアイコンをクリックします。「スレッドを解決にする」をクリックすると、コメントが非表示になります。
「スレッドを削除する」をクリックすると、コメント自体が削除されます。

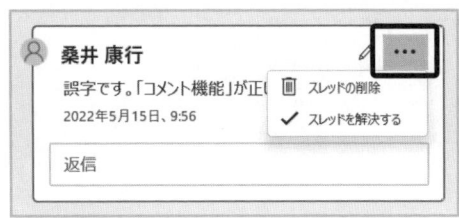

コメントを非表示にして印刷する

コメント付きの Word ファイルを印刷するとコメントも印刷されます。コメントを非表示にして印刷したい場合は、次のように設定します。

Windows の場合

印刷画面で「変更履歴 / コメントの印刷」のチェックボックスを外します。

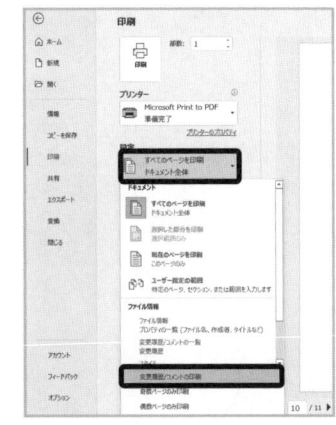

Mac の場合

プリントで「印刷部数と印刷ページ」をクリックして「Microsoft Word」画面を表示します。印刷の対象を「変更とコメントの内容を含む文書」から「文書」に変更します。

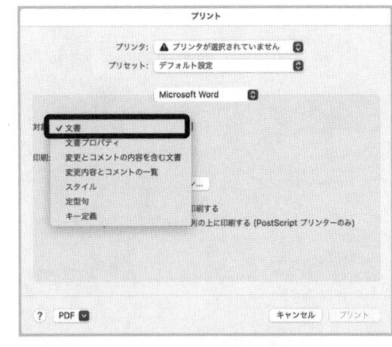

第1章 レポートを書く前に
第2章 文献を探す・読む
第3章 快適な日本語入力
第4章 効率良く仕上げる
第5章 レポートの基本
第6章 ショートカットキー
第7章 数式
第8章 図
第9章 表
第10章 発展ワザ

第2部

Wordの活用術

第5章

美しいWordレポート
執筆の基本

01 やってはいけない書き方　74

02 Wordの基本用語を知ろう　78

03 段落と行を理解しよう　80

04 編集記号を表示しよう　81

05 スタイル機能で文書全体を美しく統一しよう　82

06 レポートテンプレートを活用しよう　87

07 見出し番号を設定する　90

08 見出しのスタイルをカスタマイズしよう　93

09 良いフォントを選ぼう　98

10 改ページと段落内改行で、ページ・行を切り替える　102

11 箇条書きを使いこなそう　104

12 ページ番号を付けよう　106

13 目次を作成しよう　110

14 PDFに変換しよう　112

01 やってはいけない書き方

 Word の機能は全然知らないけど、とりあえずレポートは書けた！
これでいいかな？

 この書き方だと、後から修正が面倒になりますよ！
まずはやってはいけない書き方を学びましょう。

加筆修正しても、面倒な作業が不要なレポートを目指す

論文・レポートは、上から順に書いていきなり完璧に仕上げることはできません。試行錯誤しながら執筆を進めます。Word の機能を活用しないと、「図を 1 つ追加したら、それ以降の図番号が全てズレてしまって、修正しなければ…」とか「新しいページの位置がズレてしまって、改行の量を調整しなければ…」という煩雑な手作業が必要になります。手作業だと時間がかかるし、凡ミスがどうしても発生しやすくなってしまいます。

そこで、本書は「加筆修正しても、面倒な作業が不要なレポート」を目指します。Word の機能を活用して、煩雑な作業をすることなく快適に執筆に集中する方法を紹介します。

やりがちだけど、やってはいけない書き方

Word の機能を活用せずに執筆すると、非常に面倒な調整作業が必要になります。やりがちですが、やってはいけない書き方を紹介します。

▶ 見出しのベタ打ちは NG

ベタ打ちとは、文字の書式を使い分けずに本文や見出しを書くことです。見出しや本文の書式を個別に 1 つずつ変更すると、後から一斉に変更できません。章番号も連番になりません。

Word の**スタイル機能** 参照 p.82 を活用して、見出しの書式や番号を統一して書きましょう。これを使うと、1 クリックで簡単に見出しや段落の書式を設定できます。

---

1. 見出しをベタ打ちする
 見出しをベタ打ちすると、正しい連番を付けるのが大変で、書式を統一するのも面倒である。

---

1 スタイル機能を活用する
 スタイル機能を活用すれば、自動的に正しい番号を付けられるし、書式の設定も非常に簡単である。

✕ ベタ打ちの例。
見出しや番号を手入力している。

◯ スタイルを使っている例。
書式が統一され、
番号も自動で更新される。

▶ 見出し・数式・図・表の番号の手入力は NG

レポートに挿入する図には、「図 1.2」のような図番号を付けます。この番号をキーボードで 1 つずつ手入力してはいけません。なぜなら、後から図を 1 つ追加したら、それ以降の番号が全てズレてしまい、手作業で修正するのが非常に面倒だからです。

Word の連番を付ける機能を使えば、簡単に自動で見出し・数式・図・表番号を付けられます。やり方は、見出し 参照 p.90 、数式 参照 p.140 、図 参照 p.166 表 参照 p.184 で紹介しています。

特に、卒業論文のような長い文書には極めて有効な方法です。ぜひ活用してください。

▶ Enter キーの連打は NG

次のページの先頭から文を書き始めたいときに、Enter キーを連打してはいけません。その上部に文や画像を追加したときに、改行の位置がズレてしまうからです。

次のページの先頭から書き始めるときには、改ページ 参照 p.102 を使います。Ctrl + Enter （Mac の場合は ⌘ + return ）で、改ページできます。改ページを使えば、常にページの先頭から書き始めることができるため、Enter キーの連打や微調整は不要です。

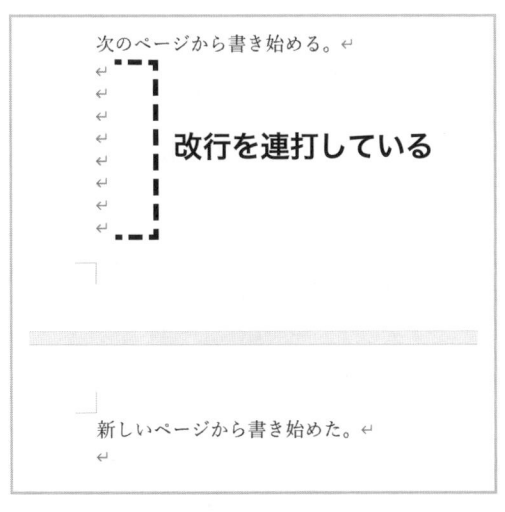

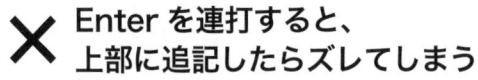

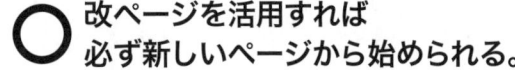

✕ Enter を連打すると、上部に追記したらズレてしまう

◯ 改ページを活用すれば必ず新しいページから始められる。

▶ 全角英数字は NG

アルファベットや数字の入力で、全角英数字を使ってはいけません。全角英数字は横幅が広く、間延びして不格好です。英数字は、全角ではなく半角を使いましょう。

Google 日本語入力 参照 p.54 を使えば、日本語入力中にも半角英数字を直接入力することができて、非常に便利です。

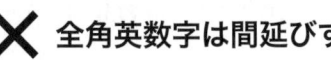

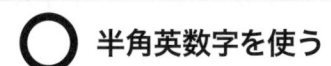

✕ 全角英数字は間延びする

◯ 半角英数字を使う

第1章 レポートを書く前に
第2章 文献を探す・読む
第3章 快適な日本語入力
第4章 効率良く仕上げる
第5章 レポートの基本
第6章 ショートカットキー
第7章 数式
第8章 図
第9章 表
第10章 発展ワザ

▶ Space キーを連打して見た目を整えるのは NG

Space を連打して見た目を整えてはいけません。位置調整で空間を広げるために Space を使うと、他の文字を追記したときに、全体がズレてしまいます。加筆修正にするときに、文字列全体が動いてしまって非常に面倒です。

空間を広げて位置を調整したいときには、**タブ機能** 参照 p.192 を使用します。タブを使うと、左端からの距離が定まるため、文字列を揃えるのが簡単です

日程	4 月 1 日↵
集合時刻	12 時↵
集合場所	東京駅↵
持ち物	筆記用具↵

✕ 編集記号を表示 参照 p.81 すると…

日程□□・・・・□	4 月 1 日↵
集合時刻・□・・	12 時↵
集合場所□・・□	東京駅↵
持ち物□・・・・	筆記用具↵

Space を連打していることがわかる

日程	4 月 1 日↵
集合時刻	12 時↵
集合場所	東京駅↵
持ち物	筆記用具↵

⭕ 先頭がきれいに揃っている

日程	→	4 月 1 日↵
集合時刻	→	12 時↵
集合場所	→	東京駅↵
持ち物	→	筆記用具↵

タブを活用していることがわかる

▶ 中黒 （・） で箇条書きは NG

箇条書きで中黒（・）を使ってはいけません。中黒を使うと、文の左端が揃いません。また、読み手が箇条書きと気づきにくくなってしまいます。

中黒は、

● 「机・椅子」のような単語の列挙
● 「バスコ・ダ・ガマ」のような単語の切れ目

のいずれかにのみ使用します。

箇条書きは **箇条書きモード** 参照 p.104 を使用すると、美しく作成できます。

・中黒で箇条書きすると、次の行の左端が揃わなくなってしまうことが問題である。↵ ・左端がガタガタして美しくないし、読み手が箇条書きと気づきにくい。中黒で箇条書きを作る癖がある人は今すぐ改善しよう。↵

● 箇条書きには必ず箇条書きモードを使おう。そうすれば、左側の行頭がきちんと揃って美しい。↵ ● 正しく箇条書きができれば、「ここは箇条書きである」という意思が読み手にも伝わりやすい。↵

✕ 中黒を使うと、左端が揃わない

⭕ 箇条書きモードを使えば、行の先頭がきれいに揃う

▶ 本文全体のインデントを増やすのは NG

レポートでは、段落の 1 行目のみを字下げします。しかし、本文全体のインデント（左余白からの距離）を増やして、横幅を狭くしている人がいます。本文全体のインデントを増やす必要はありませんし、見出しの階層ごとにインデントを増やす必要もありません。本文段落の 1 行目以外は、左端を揃えて執筆しましょう。

> 1. 全体を字下げする↵
> 　1.1 見出しを字下げする↵
> 　　1.1.1 左端が揃わない↵
> 　　　　見出しが入り組むように字下げをしてしまうと、本文の左端が揃わずにガタガタしてしまう。なんとなく字下げした方が適切という風潮が蔓延していることが問題である。このような字下げは全く不要である。↵

✖ **本文全体を字下げすると、ガタガタに…**

> **2　全体を字下げしない**↵
> **2.1 見出しも字下げしない**↵
> **2.1.1 左端がきれいに揃う**↵
> 　見出しを含めて左端を揃えると、文書全体が美しく見える。段落の最初の文字を字下げすることは構わない。しかし、それ以外の箇所は全て左端を揃えることが大切である。余計な字下げはせず、なるべく揃うことを意識すべきだ。↵

⭕ **左端は揃えて執筆しよう**

▶ 【 】で見出しを作成するのは NG

【 】この記号は隅付き括弧といいます。隅付き括弧で見出しを作成すると、見出しが目立ちません。読み手が見出しを見つけにくくなり、文章構造を理解しにくくなります。必ず見出しは文字を大きく・太くしましょう。

> 【見出しのつもり】↵
> 　見出しの文字が本文と同じ大きさだと、見出しに見えず汚く見えてしまう。見出しや強調として隅付き括弧を使ってはいけない。↵

✖ **【隅付き括弧】を使った見出し**

> **1　適切な見出し**↵
> 　見出しの文字を大きく、太くすることで、読者が見出しに気づきやすい。Word のスタイル機能を活用すれば、簡単に統一できる。↵

⭕ **大きく・太い見出しスタイルを使った見出し**

第1章 レポートを書く前に
第2章 文献を探す・読む
第3章 快適な日本語入力
第4章 効率良く仕上げる
第5章 レポートの基本
第6章 ショートカットキー
第7章 数式
第8章 図
第9章 表
第10章 発展ワザ

02 Wordの基本用語を知ろう

Word の使い方を習ったことがないので、
正直何ができるかあまりよくわかりません…。

Word にはたくさんの便利な機能がありますよ！
まずは基本を確認していきましょう。

Wordは高機能でパワフル

大学の論文・レポートの執筆には Word が広く使われています。Word は直感的に操作できるため、「文字を入力して、印刷する」という簡単な操作は迷わずできる人が多いです。しかし、便利な機能を有効活用している人はほとんどいません。少し工夫するだけで、非常に効率良く執筆できます。

理系の論文・レポートでは、LaTeX という独特な記法を用いた組版システムが使われることもあります。数式を美しく表示したり、連番表記・相互参照・参考文献を管理したりするのは優れています。しかし、環境構築や記法がやや難しく、初心者にはハードルが高いです。本書で紹介している Word のテクニックを使えば、LaTeX と同等以上に美しく機能的な文書を作成できます。

Wordの画面構成

Word の基本的な画面構成は次のようになっています。

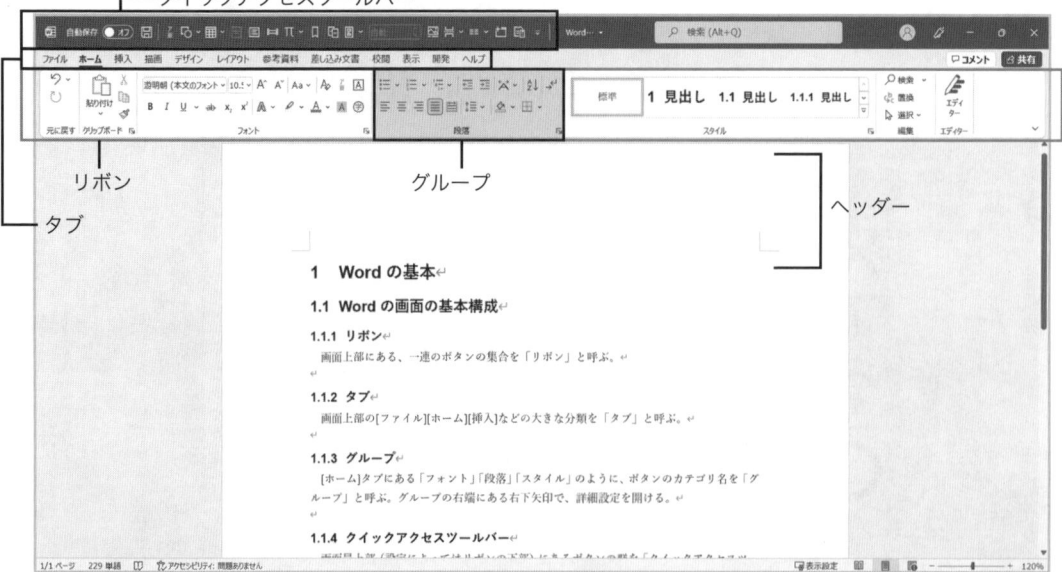

リボン

画面上部にある、一連のボタンの集合を「リボン」と呼びます。

タブ

画面上部の［ファイル］［ホーム］［挿入］などの大きな分類を「タブ」と呼びます。

グループ

［ホーム］タブにある「フォント」「段落」「スタイル」のようなボタンのカテゴリ名を「グループ」と呼びます。グループの右端にある右下矢印 ⬐ で、詳細設定が開きます。

クイックアクセスツールバー

画面最上部（設定によってはリボンの下部）の上書き保存などのボタンがある群を「クイックアクセスツールバー」と呼びます。ここには、好きなボタンを自由に登録できます。使用頻度の高いボタンを素早く使用できるようになるため、非常に便利です。登録したいボタンを右クリックして、「クイックアクセスツールバーに追加」をクリックすれば、簡単に登録できます。

- 表の挿入
- 相互参照
- セクション区切り
- 数式の挿入

などのボタンを登録しておくと、作業がスムーズになります。自分好みにアレンジして、上手に活用しましょう。

ヘッダー・フッター

ページ上側の余白を「ヘッダー」、ページ下側の余白を「フッター」と呼びます。ここには、ページ番号・文書タイトル・章タイトルなどの要素を自動的に挿入することができます。

第1章 レポートを書く前に
第2章 文献を探す・読む
第3章 快適な日本語入力
第4章 効率良く仕上げる
第5章 レポートの基本
第6章 ショートカットキー
第7章 数式
第8章 図
第9章 表
第10章 発展ワザ

 今まで「フォント」グループしか使ったことがなかったな。「段落」ってなんだろう？

 Wordでは「段落」と「行」の定義を理解しておくことで、操作が非常にスムーズになりますよ！

段落を理解しよう

Wordにおける段落とは改行マーク⏎の直後の行頭から、次の段落記号までのひとまとまり」を表します。小中学校の国語の作文で習う段落とは異なり、段落最初の字下げの有無は関係ありません。「1つの段落には、1つの段落記号⏎」と考えるとわかりやすいです。箇条書きのときの行頭文字（●や・）や、「1.」「2.」などの段落番号は、段落の先頭に表示する機能です。

新しい段落は Enter （Macの場合は return ）を押したときに作られます。

インデント・行間・スタイル等は、段落ごとに設定することが多いです。

1つの段落の中で改行するには Shift ＋ Enter で**段落内改行** 参照 p.103 を使用します。

1段落目	段落とは、改行マーク（段落記号）の直後の行頭から次の改行マークまでを表す。ここは1段落目である。字下げの有無や文の切れ目などは関係ない。とにかく改行マークが段落の印なのだ。
2段落目	ここからは2つ目の段落が始まる。⏎
3段落目	さらに3つ目の段落が始まった。⏎
4段落目	Enterを押せば、新しい4段落目が作れる。⏎

段落の選択方法

段落をトリプルクリックするか、ショートカット Ctrl ＋ Shift ＋ ↑ / ↓ を使用すると、段落を瞬時に選択できます。

段落とは、改行マーク（段落記号）の直後の行頭から次の改行マークまでを表す。ここは1段落目である。字下げの有無や文の切れ目などは関係ない。とにかく改行マークが段落の印なのだ。

トリプルクリック

ここからは2つ目の段落が始まる。⏎
さらに3つ目の段落が始まった。⏎
Enterを押せば、新しい4段落目が作れる。⏎

行を理解しよう

行とは、左端から右端までの文字のまとまりのことです。
左側の余白にマウスカーソルを当てると、カーソルの矢印が左右反転します。その状態でクリックすれば、行を瞬時に選択できます。

クリック 行は、左端から右端までの文字列を表す。左側の余白にマウスカーソルを当てると、カーソルの矢印が反転する。この状態でクリックすれば、1行を一瞬で選択できる。⏎

04 編集記号を表示しよう

 半角スペースと全角スペースがどこに入っているかわかりにくいな…。

 編集記号の表示をオンにすれば、
普段は見えない記号も可視化されますよ！

編集記号とは「印刷されない見えない記号」

編集記号とは、体裁を整えるために使用して、印刷されない記号のことです。全角 / 半角スペース、改行・段落内改行、タブなどが当てはまります。普段は表示されないものが多いです。「編集記号の表示」という機能を使えば、全ての編集記号が表示されるため、執筆作業をしやすくなります。

▶ 編集記号の表示をオンにする

▶ ［ホーム］タブ
▶ 段落グループの右上「編集記号の表示 / 非表示」をオンにする

これで編集記号が表示されます。オフにするときは、再度同じボタンをクリックします。

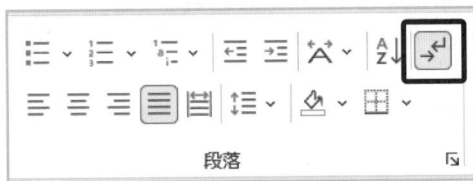

▶ 表示される編集記号

「編集記号の表示」で表示される記号には次のようなものがあります。

記号	表示
半角スペース	・
全角スペース	□
1/4 スペース	｜
改行をしないスペース	。
タブ	→
改ページ	----- 改ページ ----
セクション区切り	=== セクション区切り ===
段区切り	----- 段区切り ----

05 スタイル機能で文書全体を美しく統一しよう

 見出しを毎回「游ゴシック・文字サイズ16pt・太字」のように設定するのは面倒くさいな…。

 Wordのスタイル機能を活用すれば、とっても簡単に書式を統一することができますよ！

スタイル機能は「書式をまとめて統一する」

スタイル機能とは、文字や段落の書式（フォント・文字サイズ・色・行間・番号等）を、名前を付けてまとめて管理できる機能です。

このスタイル機能を使えば、文書の様々な箇所で書式を簡単に統一できるため、非常に便利です。使っている人がほとんどいませんが、Wordの最も重要な機能の1つです。

スタイル機能を活用しよう

スタイル機能は、見出しや特定の箇所の書式を統一するときに役立ちます。

スタイル機能を活用せずに手動で設定すると、文書全体の書式を統一するのが面倒です。

例えば、第1章の見出しの書式が「游ゴシック・文字サイズ16・太字」で書いたのに、第2章では「メイリオ・文字サイズ14・標準」となっているのは不適切です。

スタイル機能を使えば、全ての書式を統一することができて、後から一括で変更することも簡単です。

1. 見出し壱
見出しは「游ゴシック・16・太字」である。

2. 見出し弐
見出しは「メイリオ・14・標準」にしてしまった。

3. 見出し参
見出しは「メイリオ・14・太字」にしてしまった。

1　見出し壱
見出しは游ゴシック・16・太字で、「見出し1」だ。

2　見出し弐
スタイルの「見出し1」に設定して統一している。

3　見出し参
スタイルの「見出し1」に設定して統一している。

 ✕ 見出しの書式が不揃い

 ◯ スタイル機能で見出しの書式が揃っている

段落スタイルの設定手順

段落スタイルとは 1 つの段落（改行マーク ↵ の次の行の行頭から改行マーク ↵ までのひとかたまり）全体を変更できるスタイルです。

スタイルを新しく作成する手順を紹介します。ここでは、レポートの見出しに適した「練習用 1」というスタイル作成していきます。

▶ スタイルの登録方法

1. 新規文書を作成する

Word を起動して、新規文書を作成します。

2. 適当な文字列を入力する

書式を設定するための適当な文字列を入力します。

> 見出しスタイルの練習↵
> ↵

3. 書式を設定する

フォント	▶	游ゴシック
文字サイズ	▶	12
太さ	▶	太字
色	▶	青色

> **見出しスタイルの練習**↵
> ↵

このような設定にします。自分の好きなように設定しても構いません。

4. スタイルを新規作成する

書式を設定した文字列上にカーソルを置きます。

［ホーム］タブの「スタイル」の下三角マーク ▽ をクリック

▶ スタイルの作成

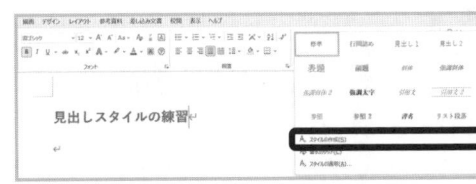

▶「練習用 1」のように名前を付ける

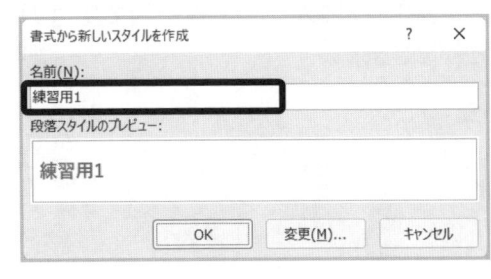

▶ OK

これで、スタイル一覧に登録されました。

第1章 レポートを書く前に
第2章 文献を探す・読む
第3章 快適な日本語入力
第4章 効率良く仕上げる
第5章 レポートの基本
第6章 ショートカットキー
第7章 数式
第8章 図
第9章 表
第10章 発展ワザ

▶ スタイルの使い方

スタイルの使い方は簡単です。

「練習用 1」スタイルをクリックして、文字を入力します。文字を入力してから「練習用 1」
をクリックしてもよいです。

すると、本文のフォントから、設定したスタイルに変更されます。

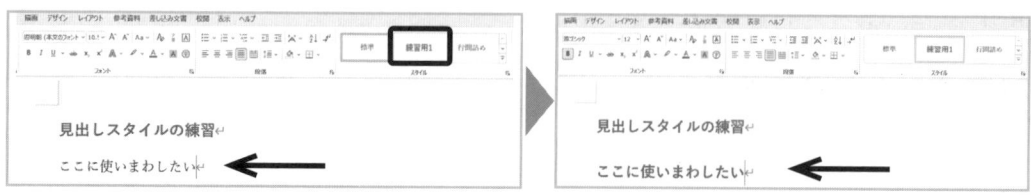

「練習用 1」をクリックすると…　　　　　　スタイルが適用された

▶ スタイルの変更方法

スタイルは簡単に変更できます。該当するスタイルを一括で変更できるので、文書全体で
書式を整える上で非常に便利です。

ここでは、先ほどの「練習用 1」のスタイルの文字サイズを 20 に、フォントをメイリオ
に変更してみましょう。

1. スタイル変更画面を表示する

「練習用 1」スタイルを右クリックして「変更」
をクリックします。

2. 文字サイズを変更する

フォントをメイリオに、文字サイズを 20 に
変更しましょう。

「OK」を押します。

すると、文字サイズが他の箇所も一括で変更
されました。

このように、スタイル機能を使うとフォン
ト・文字サイズ等の書式を一括で変更するこ
とができます。

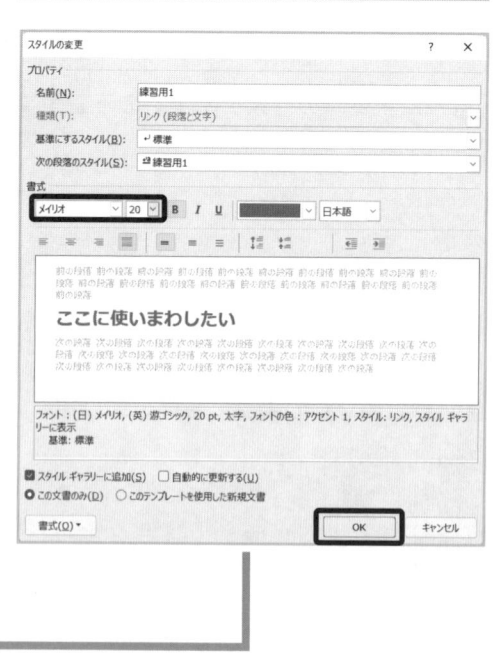

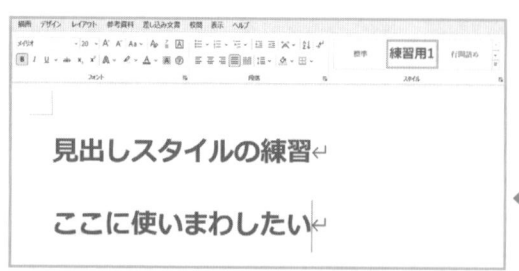

他の場所もメイリオに変更された

第1章 レポートを書く前に

第2章 文献を探す・読む

第3章 快適な日本語入力

第4章 効率良く仕上げる

第5章 レポートの基本

第6章 ショートカットキー

第7章 数式

第8章 図

第9章 表

第10章 発展ワザ

 POINT

スタイルをより細かく設定したいときは

スタイル機能では、フォントや文字サイズのみならず、箇条書きの記号、字下げ・ぶら下げ、段落に連番を付ける、罫線を付けるなど、様々な書式を一括で設定できます。「スタイルの変更」画面の左下にある「書式」から細かく書式を設定できます。自由に練習してみましょう。

文字スタイルを設定する

先ほどの段落スタイルは、1つの段落全体を変更しました。

ここで紹介する「文字スタイル」は、ある特定の箇所の文字列の書式を使い回すときに使う機能です。

ここでは、文字の強調に適した「強調練習1」というスタイルを作成します。

▶ スタイルの登録方法

1. 新規文書を作成する

Word を起動して、新規文書を作成します。

2. 適当な文字列を入力する

書式を設定するための適当な文字列を入力します。

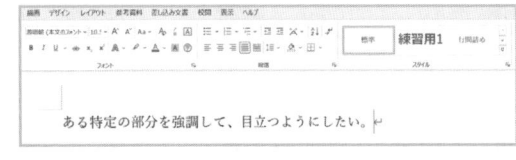

3. 書式を設定する

文字列をドラッグで選択した状態にして、「フォント」グループから書式を変更します。

フォント	▶	游ゴシック
文字サイズ	▶	12
太さ	▶	太字
文字の色	▶	青色

このような設定にします。自分の好きなように設定しても構いません。

4. スタイルを新規作成する

書式を設定した文字列をドラッグして選択状態にします。

▶ ［ホーム］タブの「スタイル」の下三角マーク▽をクリック
▶ 「スタイルの作成」
▶ 「強調練習１」のように名前を付ける
▶ 「変更」をクリックする

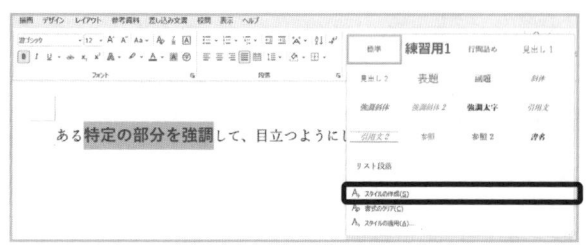 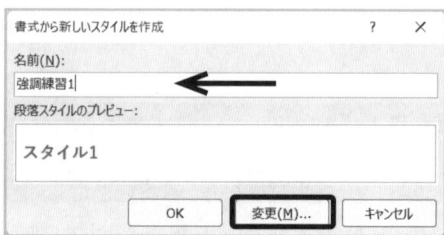

5. 文字スタイルとして登録する

「種類」を「文字」に変更して、「OK」を押します。
これで登録されました。

 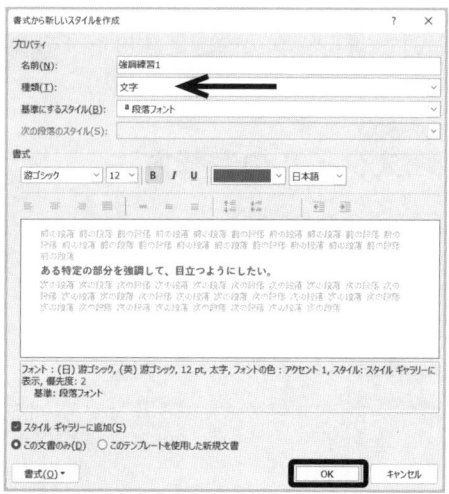

▶ スタイルの使い方

強調したい部分をドラッグして選択し、「強調練習１」スタイルをクリックします。
すると、スタイルが適用されて、太字で青色に変更されました。

このように、文字スタイルを登録しておけば、適用したい箇所に書式を自由に設定することができます。

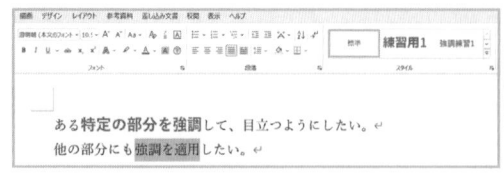 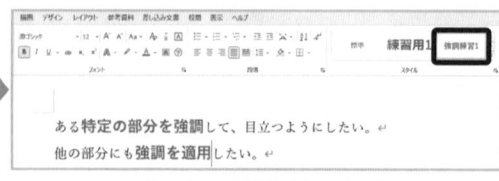

ドラッグして選択し、
「強調練習１」をクリックすると…

スタイルが適用された

06 レポートテンプレートを活用しよう

 毎回レポートの様式に合わせて設定するのは面倒だなぁ。

 そんなキミのためにテンプレートを用意しました！
ぜひ活用してください！

本書では、無料でダウンロードできるレポートテンプレートを用意しました。見出しのスタイルや番号を設定済みで、一般的な論文・レポートを簡単に執筆できます。
レポートの見出しの番号を付けたり、フォントをゼロから設定したりするのはかなり手間がかかります。ぜひこのテンプレートを活用してください。

初回の設定手順

初回のみ設定が必要です。一度設定を済ませれば、それ以降の新しいレポートを簡単に作ることができます。

1. テンプレートをダウンロードして開く

筆者の Web サイト（https://www.paca-learn.com）から
レポートテンプレートをダウンロードできます。
完了したら、ダウンロードした Word ファイルを開きます。
保護ビューの注意メッセージが表示された場合は
「編集を有効にする」をクリックしてください。

筆者のウェブサイト

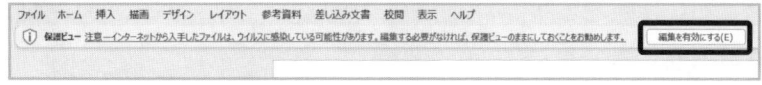

注意画面が出たら「編集を有効にする」をクリックする

何も記入されていない真っ白の Word ファイルが表示されますが、それで問題ありません。

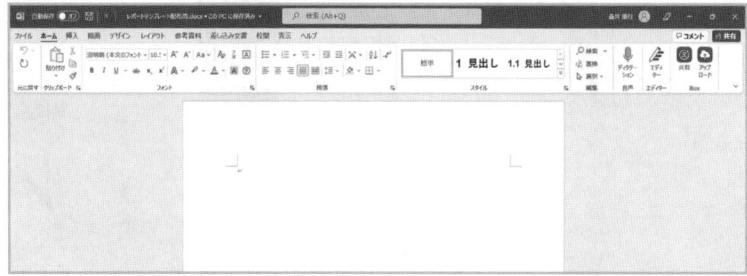

2. .dotx 形式で保存する

本文中には何も書き込みません。テンプレートとして使えるように保存します。

Windows の場合

▶ ［ファイル］タブ

▶ 名前を付けて保存

▶ 「Word 文書（*dotx）」をクリックして、「Word テンプレート（*dotx）」に変更する

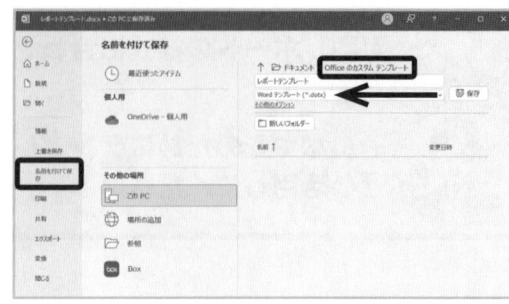

▶ 保存フォルダの場所が「ドキュメント >Office のカスタムテンプレート」に移動したことを確認する

▶ ファイル名を「レポートテンプレート」と入力して、保存する

Mac の場合

▶ メニューバー「ファイル」

▶ 「テンプレートとして保存」

▶ 保存フォルダの場所が「テンプレート」になっていることを確認する。
（なっていなければ、/Users/< ユーザー名 >/ ライブラリ /Group Containers/ UBF8T346G9.Office/ ユーザー コンテンツ / テンプレート　に移動する）

▶ ファイル名に「レポートテンプレート」と入力して、保存する

3. Word を終了する

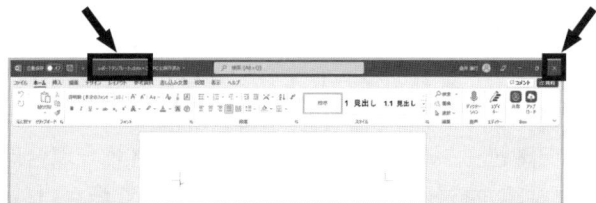

「レポートテンプレート .dotx」と画面上部に表示されて、保存できたことを確認したら、右上の×印で Word を一度終了します。

4. Word を再起動する

Word を再起動して「新規」を選択します。

5. テンプレートをピン留めする

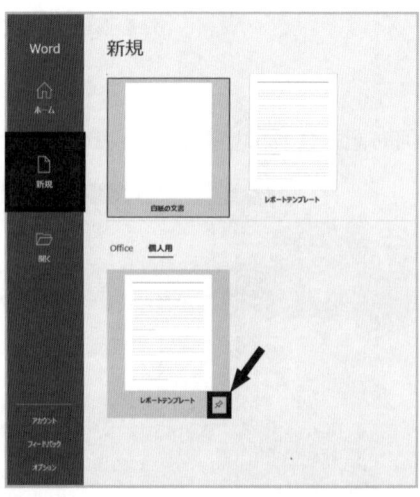

「新規」内の「個人用」から、先ほど保存した「レポートテンプレート」の横にある画鋲のアイコン📌をクリックしてピン留めします。

これで素早くレポートテンプレートを使用できるようになりました。

レポートの作成手順

レポートテンプレートを使った新規文書の作成方法を説明します。

1. Word を起動する

2. 「レポートテンプレート」を選択する

上段の「レポートテンプレート」をクリックして、新しい文書を作成します。

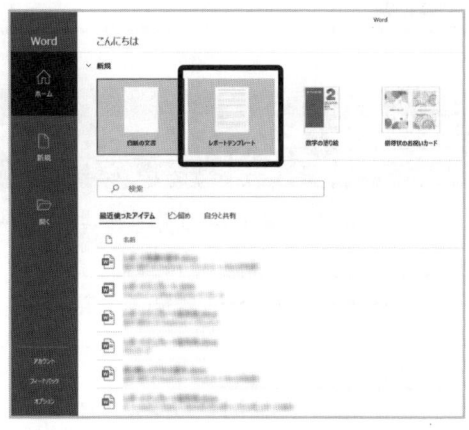

3. レポートを執筆する

真っ白の文書が出てきた状態になれば、レポートを執筆できます。右上の「スタイル」で見出し番号が表示されていることを確認してください。

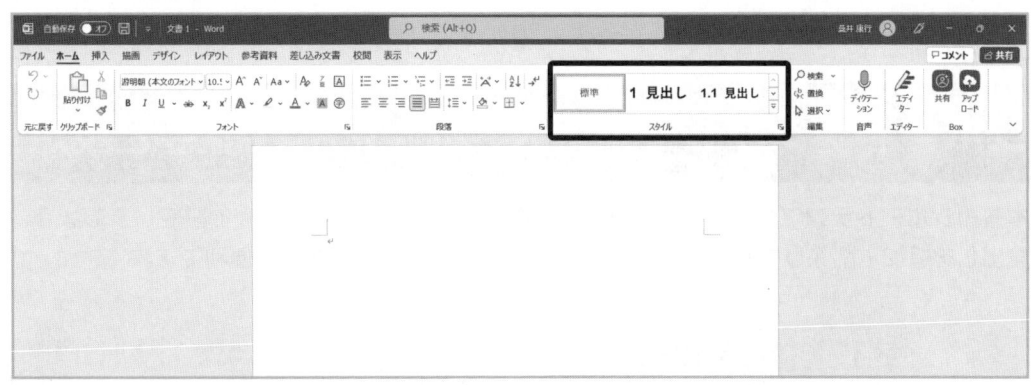

スタイル欄に番号が表示されている

見出し番号の付け方は次節で紹介します。

これ以降の本書の説明は、基本的にこのテンプレートを用いて説明していきます。

第1章 レポートを書く前に
第2章 文献を探す・読む
第3章 快適な日本語入力
第4章 効率良く仕上げる
第5章 レポートの基本
第6章 ショートカットキー
第7章 数式
第8章 図
第9章 表
第10章 発展ワザ

07 見出し番号を設定しよう

 見出しで「4.1 測定結果」のような見出し番号を付けるのは
どうしたらいいのかな？

 スタイル機能を使えば簡単に設定できますよ！

番号を手入力するのは非常に面倒

「1.1」のような見出しの番号をキーボードで手入力してはいけません。それ以前の部分に新たに見出しを追加した場合、全ての番号がズレてしまい、1つずつ手で修正するのは非常に面倒だからです。特に卒業論文のような長い文書を執筆するときには、見出しを追加・削除することも多いため、手入力すると番号調整の手間がかかり、大変です。

> 1 見出しについて↵
> 1.1 見出しをベタ打ちする↵
>
> 　見出しをベタ打ちすると、正しい連番を付けるのが大変で、書式を統一するのも面倒である。↵

✕ 見出しを手入力すると、修正が非常に面倒になる

レポートテンプレートを使って、見出し番号を設定

本書のレポートテンプレート 参照 p.87 を使って、見出し番号を自動で設定しましょう。見出しを追加・削除しても、自動的に正しい連番に更新されて非常に便利です。

> 1　適切な見出し↵
> 見出しの文字を大きく、太くすることで、読者が見出しに気づきやすい。Word のスタイル機能を活用すれば、簡単に統一できる。↵

〇 スタイルを正しく使用した見出し番号

1. 本書のテンプレートの新規文書を作成する

Word を起動します。「新規」の上段
にある「レポートテンプレート」を選
択します。
画面が切り替わり、真っ白な新規文書
が表示されます。

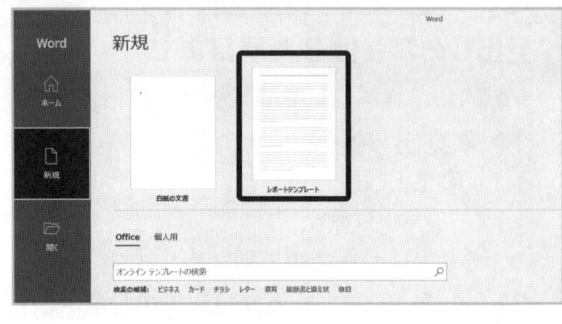

2.「スタイル」で見出し1を設定する

まずは、章の番号を設定します。

▶ [ホーム] タブ
▶ スタイル
▶「見出し1」をクリックする

すると、見出し番号が設定されます。
章タイトルを入力して、
Enter で改行します。
続けて本文も入力できます。
さらに、改行してから見出し1をクリッ
クすると、次の章番号を設定できます。

> **1　スタイル機能を使いこなそう**↵
> この章では、Word の大切な「スタイル」機能を紹介する。↵

> **1　スタイル機能を使いこなそう**↵
> この章では、Word の大切な「スタイル」機能を紹介する。↵
> **2　数式を挿入しよう**↵　←
> Word の数式入力にはコツがある。↵

3. 見出し2を設定する

改行して、新しい行にカーソルがある状態
で「見出し2」をクリックします。
すると節の番号が設定されました。

> **1　スタイル機能を使いこなそう**↵
> この章では、Word の大切な「スタイル」機能を紹介する。↵
> **2　数式を挿入しよう**↵
> Word の数式入力にはコツがある。↵
> **2.1　数式入力の5つのルール**↵　←
> 数式を高速で効率よく入力する方法を紹介する。↵

4. 見出し3を設定する

章・節と同様に「見出し3」をクリックす
れば、項の番号も設定できます。

このように、設定したい段落で「見出し1」
「見出し2」「見出し3」をクリックすれば、
簡単に見出し番号を設定できます。

> **1　スタイル機能を使いこなそう**↵
> この章では、Word の大切な「スタイル」機能を紹介する。↵
> **2　数式を挿入しよう**↵
> Word の数式入力にはコツがある。↵
> **2.1　数式入力の5つのルール**↵
> 数式を高速で効率よく入力する方法を紹介する。↵
> **2.1.1　記号の入力は¥で始め、記号名を入力する**↵　←
> 記号の入力前には¥ (Mac の場合は\) を使って入力する。例えば、乗算記号×は¥times で入力できる。↵
> **2.1.2　Space キーで変換する**↵
> ¥を用いた記号や sin, log 等の関数名を入力したときは、Space キーで変換する。↵

 POINT

見出しの深さは3階層目まで

一般的に、レポートや卒業論文では、

> 1　章見出し番号
> 1.1　節見出し番号
> 1.1.1　項見出し番号

のように、3つまでの階層で表します。

1.1.1.1 のように、4階層目以降の番号を設定することはありません。

もし、4階層目以降の見出しを設定したいときは、太字の見出しを作成するか、(1)などの連番を用いて並べましょう。

▶ 途中で見出しを追記する

スタイル機能を使えば、途中に見出しを追加したときも番号が正しく更新されます。手作業で番号を振り直す必要はありません。

> 1　スタイル機能を使いこなそう
> 　この章では、Word の大切な「スタイル」機能を紹介する。
> 2　数式を挿入しよう
> 　Word の数式入力にはコツがある。

> 1　スタイル機能を使いこなそう
> 　この章では、Word の大切な「スタイル」機能を紹介する。
> 2　図を挿入しよう
> 3　数式を挿入しよう

 POINT

長い文書で、Word をサクサク動かすには

50 ページを超えるような長い文書や、画像が多く含まれる文書では、Word の動作が遅くなることがあります。見出しを折りたたむことで、動作を軽快にすることができます。

見出しの上で右クリックして、「展開 / 折りたたみ」＞「すべての見出しの折りたたみ」を選択します。すると、本文が折りたたまれて非表示になり、見出しのみが表示されます。見出しの左端にある小さな三角形の印をクリックすれば、折りたたんだ部分が展開されます。必要な箇所以外の階層を折りたたんだまま本文を執筆すると、PC のメモリが節約されて、動作が軽快になります。

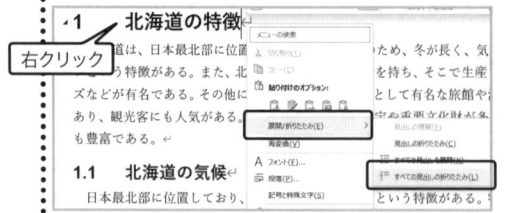

見出しの右クリックで「すべての見出しを折りたたみ」

階層が非表示になると、動作が軽快に

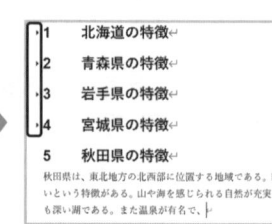

左端の▶をクリックすれば展開できる

08 見出しのスタイルをカスタマイズしよう

章番号を「第1章」のように自動で表示することはできるかな？

見出しのスタイルをアレンジすれば、簡単に変更できますよ！

本書付録のテンプレートではシンプルに見出しの番号を付けています。
本書のレポートテンプレートをカスタマイズすれば、様々な装飾を施すことができます。
さらに、番号の最後にピリオドを打ったり「第○章」に変更したりできます。

> **1　章番号スタイル**↲
> 本文である。↲
>
> **1.1　節番号スタイル**↲
> 本文である。↲
>
> **1.1.1　項番号スタイル**↲
> 本文である。↲

見出し1を「第1章」に変更する

見出し1を「第○章」に変更する方法を紹介します。

1. 本書のテンプレートの新規文書を開く

Wordを起動します。「新規」の上段にある「レポートテンプレート」を選択します。画面が切り替わり、真っ白な新規文書が表示されます。

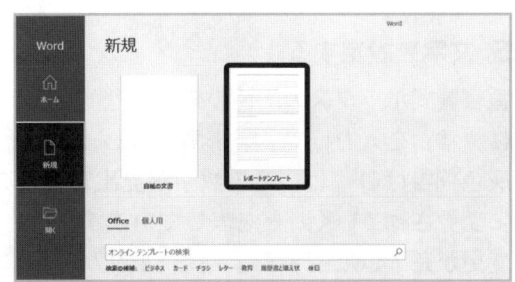

2. スタイル変更画面を開く

▶ 変更したいスタイル(今回は「見出し1」)を右クリックする

▶「変更」をクリックする

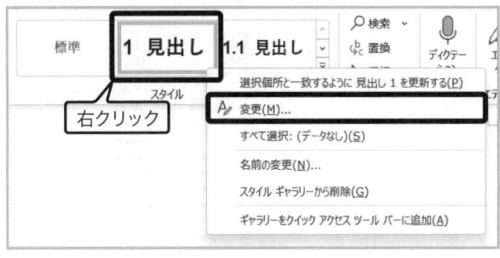

3.「段落番号」設定画面を開く

▶ 画面左下の「書式」をクリック
▶「箇条書きと段落番号」
▶ 新しい段落番号の定義
▶ フォント…

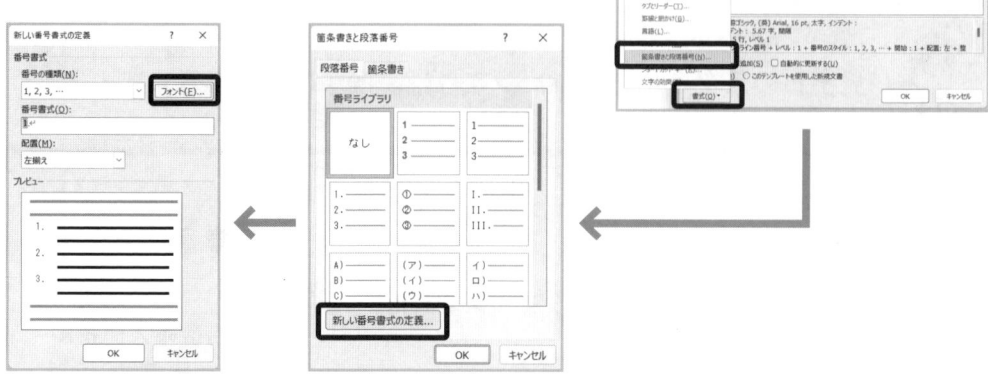

4. フォントを設定する

以下のように変更します。

日本語用のフォント ▶ 游ゴシック
英数字用のフォント ▶ Arial
スタイル ▶ 太字
サイズ ▶ 16

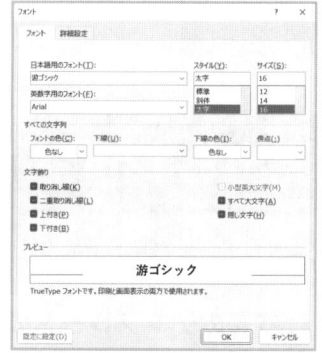

5. 文字を設定する

番号書式ボックスの灰色の **1** の直後にあるピリオドを削除します。**1** の前に「第」、後ろに「章」を入力して「第**1**章」とします。

灰色網掛けの **1** は、その数字が見出し番号の場所に応じて「1 → 2 → 3 →…」と自動的に変更されていくことを表しています。

変更が完了したら「OK」を2回クリックして、スタイルの変更画面まで戻ります。

6. インデントの位置を調整する

次に、タイトル見出しの位置を調整します。

▶ （スタイル変更画面）
▶ 画面左下「書式」をクリック
▶ 「段落」
▶ 「最初の行」の「ぶら下げ」を「20 mm」に設定する
▶ OK
▶ OK

これで、章タイトルの位置を調整できました。

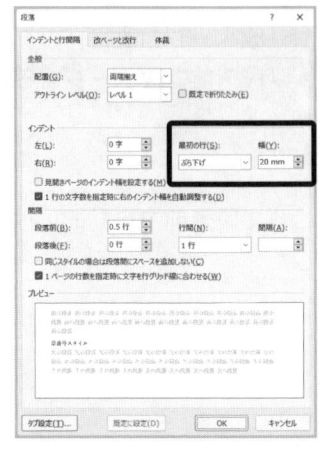

7. 使ってみる

設定が完了すると、スタイル一覧の表示が変更され、章番号が「第1章」のように設定されたことを確認できます。

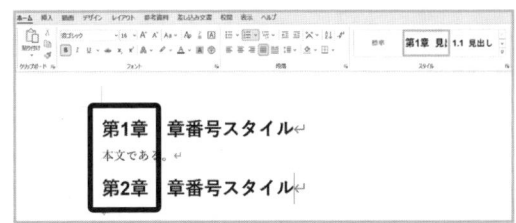

章を自動で新しいページから始める

卒業論文のような長い文章を書いている場合、章の始まりを新しいページから執筆すると、読みやすくなります。
「見出し1」を指定したときに、自動で改ページされるように設定しましょう。

1. スタイル変更画面を開く

▶ 変更したいスタイル（今回は「見出し1」）を右クリックする
▶ 「変更」をクリックする

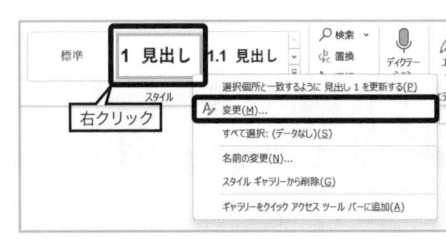

2.「段落」の設定画面を開く

▶ 画面左下の「書式」をクリック
▶ 「段落」をクリック

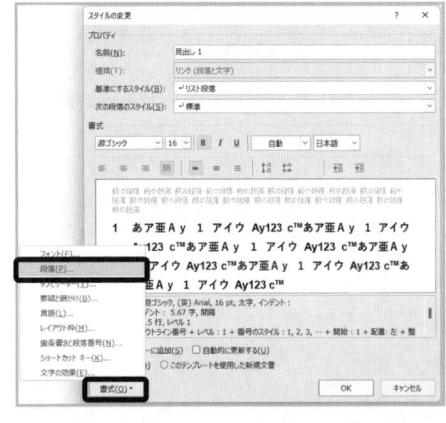

レポートを書く前に 第1章
文献を探す読む 第2章
快適な日本語入力 第3章
効率良く仕上げる 第4章
レポートの基本 第5章
ショートカットキー 第6章
数式 第7章
図 第8章
表 第9章
発展ワザ 第10章

3. 改ページ機能をオンにする

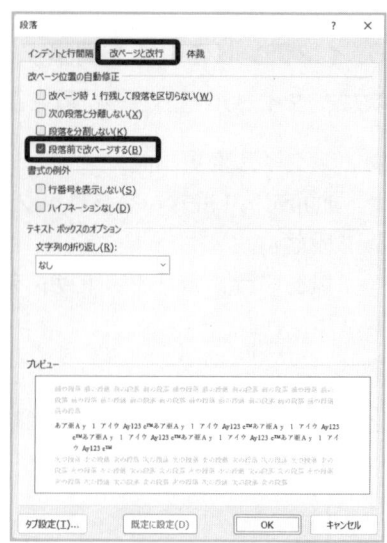

▶ 「改ページと改行」のタブに移動する
▶ 「段落前で改ページする」にチェックを入れる
▶ OK
▶ OK

これで段落前で自動的に改ページされるようになりました。

4. 使ってみる

「見出し1」のスタイルを選択すると、章が自動的に新しいページから始まることがわかります。見出しの左端に黒い四角の印が付けば設定完了です。黒い印は印刷されないので、心配不要です。

見出しに罫線の装飾を付ける

章の見出しに罫線の装飾を付けると、見出しの位置がわかりやすくなります。
ここでは、見出しの下に太い灰色の罫線を付けて、見出しを見やすく装飾します。

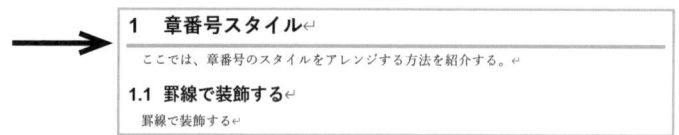

1. スタイル変更画面を開く

▶ 変更したいスタイル（今回は「見出し1」）を右クリックする
▶ 「変更」をクリックする

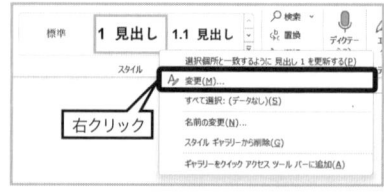

2.「罫線と網掛け」の設定画面を開く

▶ 画面左下の「書式」をクリック
▶「罫線と網掛け」をクリック

3. 罫線を設定する

この例では以下のように変更しました。もちろん、色や太さは自由に設定してください。

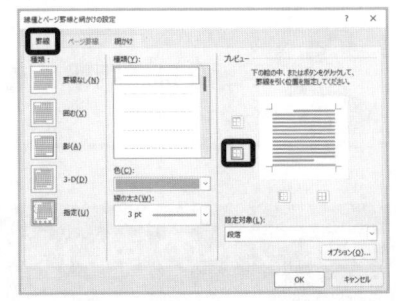

色	▶	最左列、上から 3 番目の灰色
太さ	▶	3 pt
罫線の位置	▶	下線

設定が完了したら「OK」を押して、設定画面を閉じます。

4. 使ってみる

「見出し 1」のスタイルを選択すると、罫線が設定されていることがわかります。
この設定方法を応用すれば、自由にスタイルを変更できます。

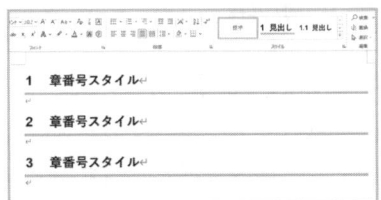

カスタマイズしたテンプレートを保存する

スタイルを変更したテンプレートを、他の文書にも使えるように保存します。保存するときは、文書に何も記入していない状態にしてください。

1. .dotx 形式で保存する

▶［ファイル］タブ
▶ 名前を付けて保存
▶「Word 文書（*.dotx）」をクリックして、「Word テンプレート（*.dotx）」に変更する
▶ フォルダの位置が「ドキュメント >Office のカスタムテンプレート」に移動したことを確認する
▶ ファイル名を「テンプレート罫線付き」のように名前を付けて、保存する

以降は、「レポートテンプレートを活用しよう」 参照 p.87 で紹介したレポートテンプレートの保存・使用方法と同じ流れで、レポートテンプレートを使用できます。

レポートを書く前に 第1章
文献を探す・読む 第2章
快適な日本語入力 第3章
効率良く仕上げる 第4章
レポートの基本 第5章
ショートカットキー 第6章
数式 第7章
図 第8章
表 第9章
発展ワザ 第10章

09 良いフォントを選ぼう

 フォントっていっぱいあるけど、どれがいいのかな？ MS 明朝…？

 明朝体は游明朝を使ったほうがいいですよ！

フォントの使い分け

▶ 明朝体とゴシック体

明朝体は「レポートの本文」

明朝体は、長文を読ませることに適した書体です。縦画が横画より太く、毛筆を模してはね・とめ・はらいがはっきりしていることが特徴です。特に印刷するときに使われることが多いです。論文・レポートの本文に適しています。英語用のフォントではセリフ体と呼ばれます。

ゴシック体は「レポートの見出し」や「プレゼンスライド」

ゴシック体は、存在感が強く「見せる」ことに適した書体です。縦横画がほぼ同じ太さで、文字の装飾が少ないことが特徴です。論文・レポートの見出しやプレゼンテーションのスライドに適しています。英語用のフォントではサンセリフ体と呼ばれます。

▶ 和文フォントと欧文フォント

英語を書くときには、欧文フォント（Times New Roman や Arial 等）を使うことがおすすめです。和文フォント（游明朝や游ゴシック等）の英数字を使うことはおすすめしません。和文フォントの英数字はあまり字形が美しくないからです。英語用には欧文フォントを指定することをおすすめします。

The quick brown fox jumps over the lazy dog

⭕ 欧文フォントの英字（Times New Roman）

The quick brown fox jumps over the lazy dog

△ 和文フォントの英字（游明朝）

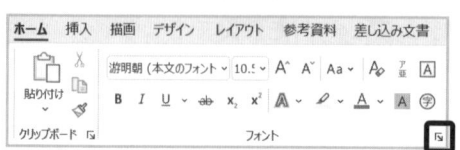

日本語と英語用のフォントを別々に指定する

おすすめのフォント

Windows と Mac の両 OS で標準搭載されているおすすめのフォントを紹介します。両 OS に搭載されているフォントであれば、いずれの OS で Word 文書を開いてもレイアウトが崩れることなく文書を表示することができます。

▶ 和文は游明朝と游ゴシック

和文フォントには、游明朝と游ゴシックがおすすめです。比較的字形がきれいで、読みやすくデザインされています。Windows と Mac の両方で使用できる和文フォントです。

> 美しい文字の游明朝サンプルです。
> 美しい文字の游ゴシックサンプルです。
> **美しい文字の游ゴシック（太字）サンプルです。**

游ゴシックはやや細めのデザインのため、見出しで使用するときには太字で使用します。

▶ 欧文は Times New Roman と Arial

欧文フォントには、Times New Roman と Arial がおすすめです。比較的字形がきれいで、太字・斜体にも対応していて使いやすいです。

> Typography 123 Times New Roman
> **Typography 123 Arial**

太字の仕組みを理解しよう

Word の太字の仕組みを理解しておくと、適切な太字操作ができます。太字には「太字に対応したフォント」を使用することが大切です。太字に対応していないフォントの場合には、太字モード（ Ctrl + B （Mac の場合は ⌘ + B ））で太字にしても、「疑似ボールド」という機械的に無理やり線を太くした状態になります。擬似ボールドは、あまり太くならず、しかも不格好になるため使わないほうが良いです。

ここでは、游ゴシックの太字について解説します。

Windows に搭載されている游ゴシックには 4 種類の太さがあります。

❶ 游ゴシック Light
❷ 游ゴシック（無印）
❸ 游ゴシック Medium
❹ 游ゴシック（太字。普段は非表示。）

この中で、 Ctrl + B の太字に対応しているのは、2 番目の「游ゴシック（無印）」のみです。<mark>游ゴシックの太字を使いたいときは、必ず無印の「游ゴシック」を選択した状態で、太字に設定してください。</mark>

游ゴシック Medium を太字にしても、擬似ボールドになり、あまり太くなりません。

游ゴシック Light	✕	游ゴシック Light 疑似ボールド
游ゴシック（無印）	◯	**游ゴシック 太字**
游ゴシック Medium	✕	**游ゴシック Medium** 疑似ボールド

▲ 元々の字　　　　　▶ 太字モードにしたとき

第1章 レポートを書く前に
第2章 文献を探す・読む
第3章 快適な日本語入力
第4章 効率良く仕上げる
第5章 レポートの基本
第6章 ショートカットキー
第7章 数式
第8章 図
第9章 表
第10章 発展ワザ

非推奨のフォント

▶ MS 明朝・MS ゴシックは古くて低性能

MS 明朝 /MS ゴシックは古くからある日本語フォントで、形がきれいではありません。また、縮小表示したときに、字がギザギザと表示され、目が疲れやすくなります。ウェイト（太さの種類）が 1 種類しかないため、太字にしても疑似ボールドとなり、ほとんど強調効果がありません。HGS/HGP 明朝・HGS/HGP ゴシックも同様です。

MS 明朝を指定している学科のレポートもあるようですが、フォントの背景知識のない教員が指定した無意味で古い慣習なので、気にしなくてよいでしょう。Windows 7 以前の古い PC を使わない限り、MS 明朝 /MS ゴシックを使う理由はありません。

ただし、游明朝を使用すると文字サイズ 11 以上になると行間が広くなりすぎる現象が発生します。そのときは、［レイアウト］タブの「ページ設定」詳細設定右下矢印 ⬂ （Mac の場合はメニューバーの「フォーマット」→「文書のレイアウト」）をクリックして、「標準の文字数を使用する」を選択すれば、問題が解決します（本書のテンプレートを使えば、その現象は発生しません）。

非推奨の MS P 明朝サンプルです。
非推奨の MS P ゴシックサンプルです。

MS 明朝と MS ゴシックのサンプル

游明朝は縮小しても滑らかに表示される。↵
游ゴシックは縮小しても滑らかに表示される。↵
MS 明朝は縮小でギザギザに表示される↵
MS ゴシックも縮小でギザギザに表示される。↵

MS 明朝と MS ゴシックは縮小表示するとギザギザになる

MS ゴシックの標準
MS ゴシックの疑似ボールド
游ゴシックの標準
游ゴシックの太字

MS ゴシックは太字にしてもほぼ効果がない

▶ Century は太字やイタリックに非対応

Century は Word の初期設定の欧文フォントです。しかし、Century はイタリック体に非対応で、太字やイタリックに設定すると不格好（疑似ボールド・疑似イタリック）になってしまいます。Times New Roman なら、太字やイタリックに対応していて、美しく表示できます。

Typography Century Sample
Typography Century Sample

✕ Century はイタリックに対応していない

Typography Times New Roman
Typography Times New Roman

〇 Times New Roman ならイタリックに対応している

書式のコピー/貼り付け

他の箇所で書式を使いまわしたいときには、「書式のコピー / 貼り付け」を活用しましょう。
例えば「游ゴシック 太字 青色 文字サイズ 24」を他の箇所でも使う方法を紹介します。

1. ある部分の書式を調整する

ある部分の書式を変更します。
ここでは「太くて大きな文字」
と書いた部分の書式を変更し
ました。

> ある特定の部分を**太くて大きな文字**に変えた。↵
> それを別の箇所に適用したい。↵

2. 書式をコピーする

書式を調整した部分をドラッグして選択状態にします。
`Ctrl` + `Shift` + `C`（Mac の場合は、`⌘` + `Shift` + `C`）で書式をコピーします。見た目
は何も変化しませんが、Word には「游ゴシック 太字 青色 文字サイズ 24」という情報
が記録されます。

3. 書式を他の箇所に貼り付ける

書式を適用したい箇所をドラッグし、選択状態にします。`Ctrl` + `Shift` + `V`（Mac の場
合は、`⌘` + `Shift` + `V`）で書式を貼り付けます。すると、書式が変更されます。

> ある特定の部分を**太くて大きな文字**に変えた。↵
> それを別の箇所に適用したい。↵

▶

> ある特定の部分を**太くて大きな文字**に変えた。↵
> それを**別の箇所**に適用したい。↵

`Ctrl` + `Shift` + `V` で
書式を貼り付けると…

書式が反映された

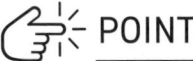 POINT

通常のコピー & ペーストに `Shift` を加えれば、書式のコピー & ペースト

文字列等をコピー & ペーストするときに使う `Ctrl` + `C` → `Ctrl` + `V` に「`Shift` キー
を加えて操作すれば、書式のコピー / 貼り付け」と覚えれば簡単です。Mac の場合
も同様です。

第1章 レポートを書く前に
第2章 文献を探す・読む
第3章 快適な日本語入力
第4章 効率良く仕上げる
第5章 レポートの基本
第6章 ショートカットキー
第7章 数式
第8章 図
第9章 表
第10章 発展ワザ

10 改ページと段落内改行で、ページ・行を切り替える

次のページから書きたいから Enter を連打したけど面倒だな…。
なんとかならない？

Ctrl + Enter で改ページを使うと、
次のページから簡単に書き始められますよ！

Ctrl + Enterで次のページから書き始められる

▶ Enter を連打してはいけない

次のページから書きたいときに、 Enter を連打してはいけません。その位置より上部に文
や画像を追加すると、全体がズレて修正が大変だからです。

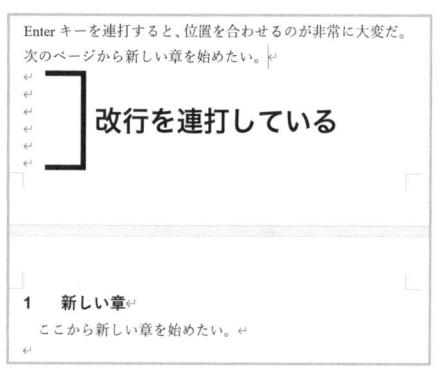

文字を
追記すると…

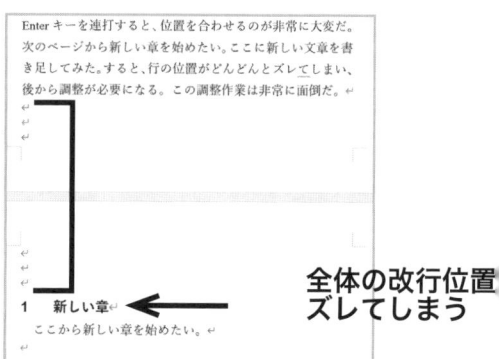

全体の改行位置
ズレてしまう

▶ Ctrl + Enter で改ページする

Word の文書を開きます。次のページから書き始めたい場所にカーソルを置き、
Ctrl + Enter で改ページできます（Mac の場合は ⌘ + return ）。
すると、改ページが挿入されて、次のページの最初の行から書くことができます。

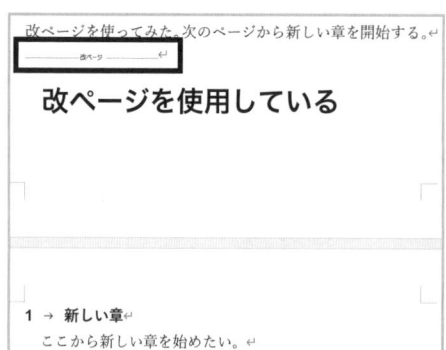

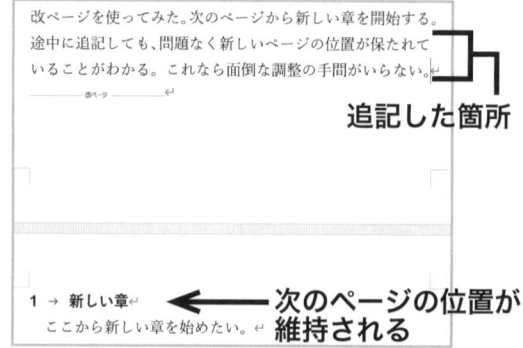

追記した箇所

次のページの位置が
維持される

編集記号で「改ページ」を可視化する

編集記号を表示 参照 p.81 をオンにすると、改ページを可視化できます。改ページを解除したいときは、編集記号を表示した状態で「--- 改ページ ---」の文字列を BackSpace や Delete で削除しましょう。

Shift ＋ Enterで、段落内改行する

Shift ＋ Enter で改行することを、段落内改行といいます。
単に Enter を押して改行すると、次の行は新しい段落として扱われます。しかし、箇条書きや見出しでの改行は、段落内で改行したほうが良いです。
改行すると改行マーク⏎が表示されますが、段落内改行すると下矢印マーク↓が表示されます。

> 普通の改行⏎
> 段落内改行↓

▶ 箇条書きの改行

箇条書きや段落番号のリスト内で改行するときには、 Shift ＋ Enter の段落内改行を使用します。
Enter を押してから、箇条書きの行頭文字や番号をBackSpaceで消去するのは不適切です。

> ● 箇条書きを導入してみた。⏎
> ● 途中で改行するときに、⏎
>   段落が区切れてしまうのはよくない。⏎

> ● 箇条書きを導入してみた。⏎
> ● 途中で改行するときに、↓
>   段落内改行を用いるのが適切である。⏎

✕ 箇条書きの途中で Enter で改行すると、段落が切れてしまう

○ 箇条書きの改行には Shift ＋ Enter の段落内改行を使おう

▶ 見出しの改行

複数行にまたがって見出しのスタイルを維持するときにも、 Shift ＋ Enter の段落内改行を使用します。長い見出しでキリのよいところで改行するときに有効です。

> 1.1　見出しの途中で改行するのは⏎
> 1.2　どうしたらよいのか⏎

> 1.3　見出しの途中で改行するには↓
>   　段落内改行を使おう⏎

✕ 見出しの途中で改行すると、番号が２つできてしまった

○ Shift ＋ Enter で段落内改行しよう

> 1.1　見出しの途中で改行するのは⏎
>   どうしたらよいのか⏎

✕ 番号を消しても分離してしまう

11 箇条書きを使いこなそう

 箇条書きって、中黒（・）をいつも使っているけど、それでいいのかな？

 箇条書きは必ず箇条書きモードを使いましょう！
中黒を使うと、不格好になってしまいます。

必ず箇条書きモードを使おう

▶ 中黒（・）やマイナス（ - ）は使ってはいけない

箇条書きに中黒（・）やマイナス（ - ）記号を手入力してはいけません。行頭の位置が揃わず、美しくありません。中黒やマイナス記号は記号が小さく目立たないため、読み手が箇条書きであると気づきにくくなってしまいます。

▶ 箇条書きモードなら、美しく揃えられる

箇条書きモードを使うと、美しく整えられます。また、読み手も「ここは箇条書きだ」と認識しやすいため、読みやすくなります。

> ・中黒で箇条書きすると、次の行の左端が揃わなくなってしまうことが問題である。↵
> ・左端がガタガタして美しくないし、読み手が箇条書きと気づきにくい。中黒で箇条書きを作る癖がある人は今すぐ改善しよう。↵
> ‐マイナスで箇条書きをつくるのも、効果がない。↵

✕ 行頭が揃わず美しくない。行頭文字が埋もれてしまう

> ● 箇条書きには必ず箇条書きモードを使おう。そうすれば、左側の行頭がきちんと揃って美しい。↵
> ● 正しく箇条書きができれば、「ここは箇条書きである」という意思が読み手にも伝わりやすい。↵
> ● Enter キーを押せば自動で新たな箇条書きを作成できるため、執筆の効率も良い。↵

〇 箇条書きモードを使えば、美しく揃う

箇条書きの作り方

箇条書きには、箇条書きモードを使います。

[ホーム] タブの「箇条書き」をクリックします。箇条書きモードを使用すれば文字列の左端が揃い美しくなります。箇条書きモードの隣の☑印をクリックすれば、行頭文字を変更できます。

箇条書きには次の3つの利点がある。↵
- 短く簡潔に要点を整理できる。↵
- 簡単に追記することができる。↵
- 文章よりも読み手の負担が少なくて、内容把握しやすい。↵

▶ キリの良い箇所で段落内改行する

箇条書きの内部のキリの良い箇所で改行するには、**段落内改行** 参照 p.103 を使用します。Shift + Enter で改行すれば、段落が保持されたまま改行できるため便利です。

- 箇条書きで改行するときは、↓
  Shift + Enter で段落内の改行を用いる。↵
- 箇条書きの項目が維持されたまま↓
  改行できる。↵
- Enter で改行するのはよくない。↵

第1章　レポートを書く前に
第2章　文献を探す・読む
第3章　快適な日本語入力
第4章　効率良く仕上げる
第5章　レポートの基本
第6章　ショートカットキー
第7章　数式
第8章　図
第9章　表
第10章　発展ワザ

12 ページ番号を付けよう

 ページ番号ってどうやって付ければいいのかな？

 Word の機能を使えば、簡単にページ番号を付けられます！

基本的に、論文やレポートにはページ番号を付けます。ここでは、ページ番号を自動で挿入する方法を紹介します。

全ページに番号を付ける

まずは、全ページにページ番号を付ける方法を紹介します。

▶ ［挿入］タブ
▶ ページ番号
▶ ページの下部（または上部）
▶ 自分の設定したいページ番号の表記方法を選択する（ここでは「シンプル」「番号のみ 3」（右下）を選択しました）

すると、フッター編集モードに移行します。全てのページの番号が設定されました。
「ヘッダーとフッターを閉じる」をクリックするか、ESCを押せばフッター編集モードが終了します。

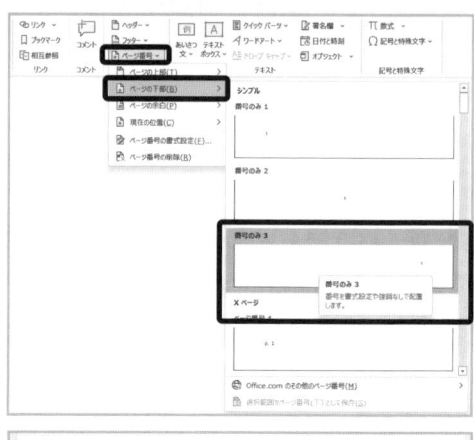

表紙等をページ数から除く

論文・レポートの表紙や概要・目次には、ページ番号を含まないことが多いです。表紙等のページ番号を除き、適切な箇所から番号を設定する方法を紹介します。
この方法はページ番号を付けていない状態から解説します。既にページ番号を付けていた場合は

▶ ［挿入］タブ
▶ ページ番号
▶ ページ番号の削除

で、ページ番号を削除します。

1. セクション区切りを挿入する

ページ番号に含めたくない部分の最後のページの末尾にセクション区切りを挿入します。

▶ ［レイアウト］タブ（Mac の場合は、メニューバーの「挿入」）
▶ 「区切り」
▶ 「次のページから開始」をクリックする

すると、セクション区切りが挿入されます。
編集記号の表示 参照 p.81 をオンにすると、セクション区切りの位置を可視化できます。

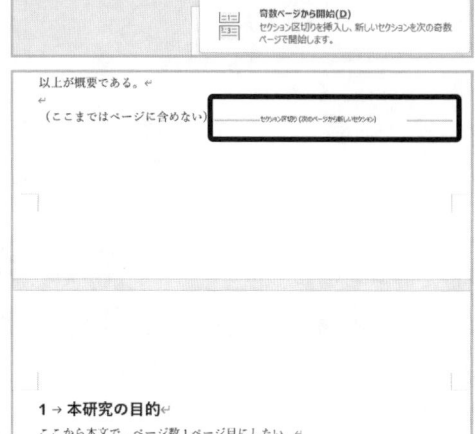

2. フッターの「前と同じ」を解除する

ページ番号を開始したいページの下部の余白をダブルクリックして、フッター編集モードに入ります。
［ヘッダーとフッター］タブの「前と同じヘッダー / フッター」がオンになっているため、クリックしてオフにします。
フッターの右側にある「前と同じ」という表示が消えます。
「前と同じヘッダー / フッター」とは、「前のセクションと同じヘッダー / フッターを使う」ということを表しています。

「前と同じ」の表示が消えた

3. ページ番号を挿入する

▶ ［ヘッダーとフッター］タブ
▶ ページ番号
▶ ページの下部（または上部）
▶ 自分の設定したいページ番号の表記方法を選択する（ここでは「シンプル」「番号のみ 3」（右下）を選択しました）

すると、ページ番号が挿入されます。

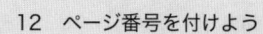

レポートを書く前に 第1章

文献を探す・読む 第2章

快適な日本語入力 第3章

効率良く仕上げる 第4章

レポートの基本 第5章

ショートカットキー 第6章

数式 第7章

図 第8章

表 第9章

発展ワザ 第10章

4. ページ番号を 1 から開始にする

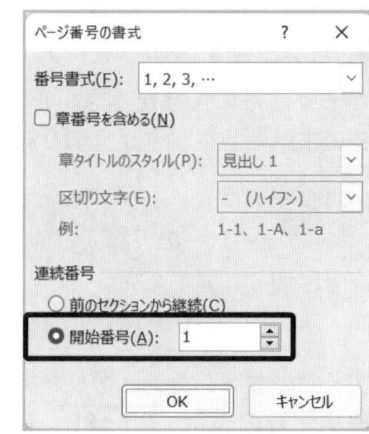

▶ ［ヘッダーとフッター］タブ
▶ ページ番号
▶ ページ番号の書式設定
▶ 「開始番号」を「1」にする
▶ OK
▶ ESC を押して、フッター編集モードを終了する

これで、適切な箇所からページ番号を 1 から開始できました。

「ページ番号/総ページ数」で表記する

全 25 ページ中の 4 ページ目を「4/25」のように、分数形式でページ数を表記する方法を紹介します。

▶ ［挿入］タブ
▶ ページ番号
▶ ページの上部または下部
▶ 下にスクロールして「X/Y ページ」のいずれかを選択する

分数形式の表示になりました。
ページ数が太字で表記されるのが気になる場合は、ページ番号をドラッグで選択して太字をオフにします。

▶ 総ページ数を調整する

セクション区切りを使い、「ページ番号の書式設定」から開始番号を1に調整しても、総ページ数は変化しません。

例えば、総ページ数が50ページのレポートで、最初の5ページの表紙・目次等を除くと、最終ページの番号が「45/50」と表示されてしまいます。

最終ページはページ番号と総ページ数が一致した「45/45」となるべきです。

そこで、総ページ数を調整する方法を紹介します。

1. 総ページ数を選択する

ページの下部の余白をダブルクリックして、フッター編集モードに入ります。

総ページ数部分のみをドラッグして、選択状態にします。

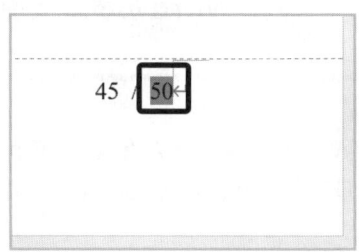

2. フィールドコードを編集する

Windows なら [Ctrl] + [F9] （機種によっては [Ctrl] + [Fn] + [F9] ）、Mac の場合は [⌘] + [fn] + [F9] を押します。

すると、総ページ数が灰色の中括弧 {} で囲まれます。

新しいフィールドコードが挿入されました。

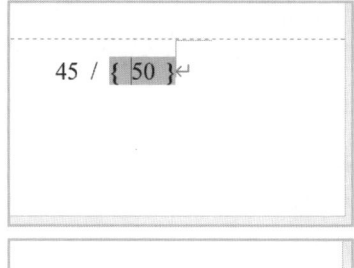

総ページ数の直前に「=」を、番号の直後に「-5」のように減らしたいページ数を書きます。

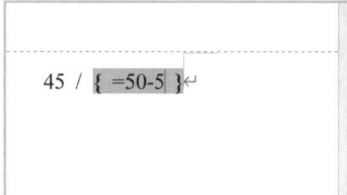

3. 表示を元に戻す

「=」上で右クリックして「フィールドコードの表示 / 非表示」をクリックして、通常の表示に戻します。

これで、総ページ数から自動的に番号を引くことができました。

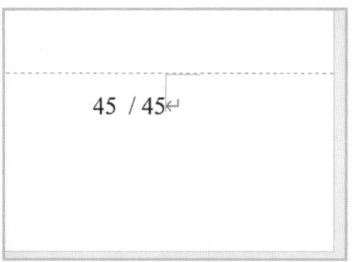

13 目次を作成しよう

ようやく卒論を書き終えた！
卒論の目次を作成するにはどうすればいいのかな？

Word の機能を使えば目次も自動で簡単に作成できますよ！

Word の **スタイル機能** 参照 p.82 を活用して見出しを作成していれば、簡単に目次を作成できます。なお、見出しを変更したときには、目次の更新を忘れないようにしましょう。

目次を作成する

目次を挿入したい箇所にカーソルを置きます。

▶ 参考資料タブ
▶ 「目次」
▶ ユーザー設定の目次…
▶ 「アウトラインレベル」を「3」に設定する
▶ OK

これで目次を簡単に挿入できます。

「アウトラインレベル」は、見出しの階層の深さを表しています。3 を指定すると「1.1.1」の深さ（項見出し）まで、2 を指定すると「1.1」の深さ（節見出し）まで、1 を指定すると「1」の深さ（章見出し）までを目次に表示します。

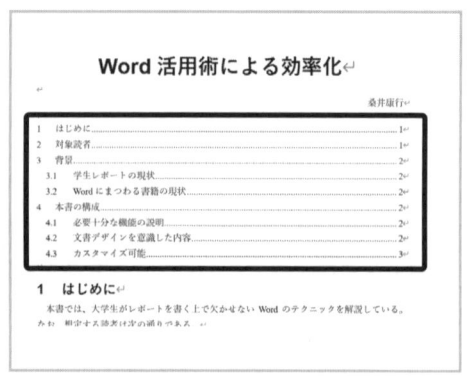

目次を更新する

見出しを変更しても、目次は自動的には更新されません。適宜目次の更新をしましょう。

▶ 参考資料タブ
▶ 「目次の更新」をクリック

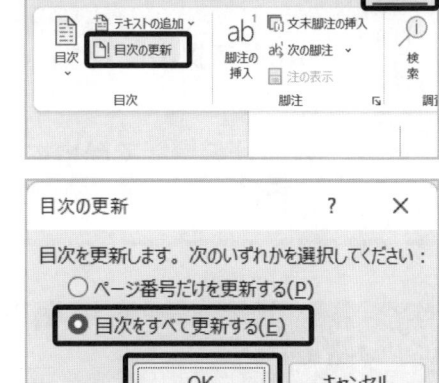

すると、目次の更新のメッセージが表示されます。
基本的には、「目次をすべて更新する」を選択します。

 POINT

ページ番号だけを更新する

目次内の見出しや書式を前回の更新からは変更せず、対応するページ番号のみを更新します。目次内の書式（文字サイズ・太字・色など）を手動で変更した場合に、書式を維持したまま最新ページ番号を適用したいときに使います。

目次をすべて更新する

手動で設定した目次内の書式や文字がすべてリセットされ、元のシンプルな形式に戻り、最新の見出しテキストとページ番号が適用されます。

第1章 レポートを書く前に
第2章 文献を探す・読む
第3章 快適な日本語入力
第4章 効率良く仕上げる
第5章 レポートの基本
第6章 ショートカットキー
第7章 数式
第8章 図
第9章 表
第10章 発展ワザ

14 PDFに変換しよう

「PDFで提出してね」と言われたけど、どうやればいいんだろう？

Wordの機能で簡単にPDFに変換できます！
さらに、PDFをWordで編集することもできますよ！

PDFとは

PDFはPortable Document Formatの略で、紙に印刷した状態の見た目をそのまま保存できるファイル形式です。パソコン・タブレット・スマホ等、どんな端末で開いても全く同じレイアウトで閲覧できることが特徴です。

Wordの.docxファイルの場合、相手の閲覧環境によってフォントやレイアウトが崩れてしまうことがあります。PDFを使えば、相手の環境に依存せず、見た目を保ったままファイルを共有できます。

印刷前に正しいレイアウトになっているかを確認することもできます。提出前の見直しにもおすすめです。

WordファイルをPDFに変換する

1. Word文書を開く

PDFに変換したいWordファイルを開きます。

2. PDFに変換する

Windowsの場合

- ▶ ［ファイル］タブ
- ▶ エクスポート
- ▶ PDF/XPSの作成
- ▶ 保存場所を選択する（ドキュメント等）
- ▶ 「オプション…」をクリックする
- ▶ 「次を使用してブックマークを作成」で「⦿見出し」にチェックを入れる
- ▶ OK
- ▶ 発行

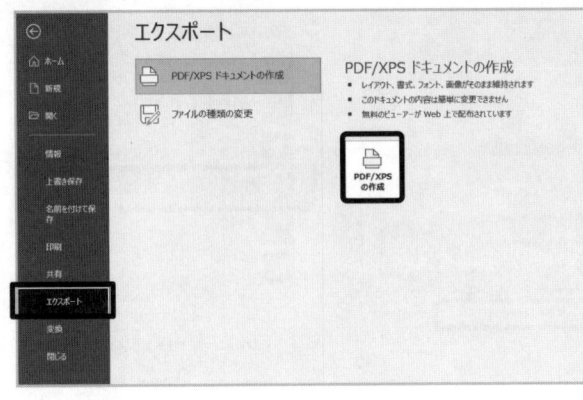
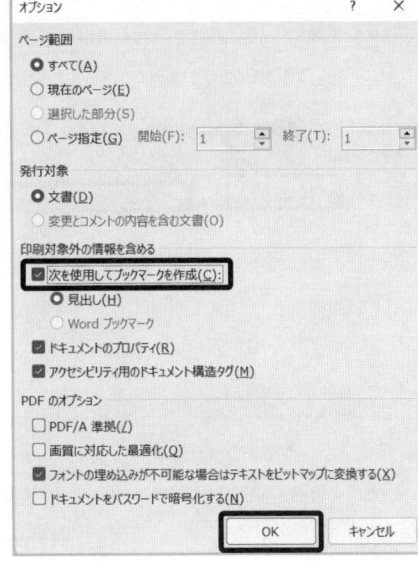

Mac の場合

▶ 名前を付けて保存
▶ ファイル形式を「PDF」に変更する
▶「電子配布とアクセシビリティの向上に最適」にチェックを入れる
▶ 保存フォルダを選択する
▶ エクスポート

指定した場所に PDF が発行されました。

PDFをWordで編集する

あまり知られていませんが、**PDF を Word で編集することができます。**
他人からもらった PDF ファイルを編集したい場合にも、Word で編集できます。
フォントやレイアウトが多少異なることがありますが、十分実用的な方法です。

1. PDF ファイルを用意する

Windows はエクスプローラーで、Mac は Finder で、PDF を表示します。

2. PDF を Word で開く

Windows の場合

▶ PDF ファイルを右クリック
▶ プログラムから開く
▶ 別のプログラムを選択
▶ その他のアプリ
▶ Word
▶ OK

「PDF から編集可能な Word 文書に…」というメッセージが表示された場合は「OK」を
クリックします。

Mac の場合

▶ PDF ファイルを右クリック

▶「このアプリケーションで開く」

▶ Microsoft Word.app

これで、PDF ファイルを Word で開けました。

3. 編集する

通常の Word ファイルと同様に編集できます。

編集したファイルは同じ場所に同じ名前で PDF として保存すると、上書きされてしまうため注意が必要です。別名で保存すれば、元の PDF ファイルがそのまま残ります。

Word の .docx ファイルとして保存することもできます。

第6章

ショートカットキーを
活用しよう

01 ショートカットキーを使いこなそう　　　116

02 厳選ショートカットキー一覧　　　119

01 ショートカットキーを使いこなそう

 ショートカットキーって、Ctrl + C と Ctrl + V くらいしか知らないけど、他にも覚えたほうがいいのかな？

 様々なショートカットキーを活用すれば、素早く効率良く操作できますよ！

ショートカットキーで圧倒的に速くなる

ショートカットキーを使うと、マウスを使わずに特定の操作を実行できます。ショートカットキーを使いこなせると、作業が高速になり、快適に執筆できます。

▶ 使って体で覚えよう

ショートカットキー一覧表を見ると「多すぎて覚えるのは面倒だ…」と感じるでしょう。もちろん、いきなり全部を覚える必要はありません。むしろ、「よくやっているこの操作にもショートカットキーあるのかな？」と調べて、実際に試してみると身につきます。

Altを使った暗記不要のショートカットキー

Alt を使うショートカットキーは覚えずに使えるので初心者にも適したショートカットキーです。押すべきキーが表示されているため、迷わず使用できます。なお、この機能はWindows のみで使用できます。

▶ Alt でキーヒントが表示される

Word の画面上で Alt を押すと、各ボタンにアルファベットが表示されます。これは、キーヒントと呼ばれ、該当するキーを押せばキーボードだけで操作できます。
例えば、ルーラーを表示したいときは、Alt → W → R と順に押していきます。

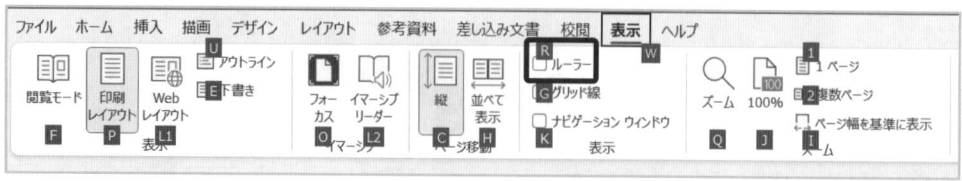

▶「オプション（O）」のような括弧の英字を使う

Word の詳細設定の画面等には、「オプション（O）」のように、括弧内にアルファベットが表示されています。これはアクセスキーと呼ばれ、Alt キーを押しながら該当するアルファベットを押すことで、マウスを使わずキーボードのみで選択できます。

例えば、段落の「改ページと改行」の設定画面で、「段落を分割しない（K）」にチェックを入れるには、 Alt + K を押せば操作できます。キーを覚える必要がなく、操作が非常に速くなるので、ぜひ使ってみましょう。

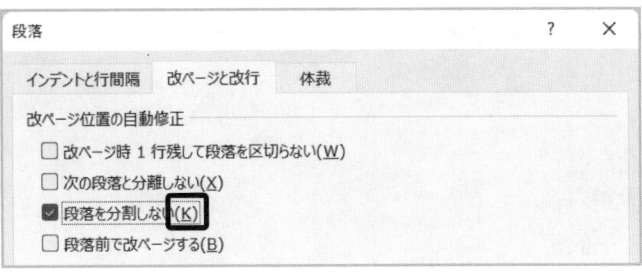

Macはメニューバーで操作

Mac は Windows とは異なり、 Alt の操作はできません。その代わり、Mac の画面上部にはメニューバーが表示されています。メニューバーから様々な操作を実行したり、ショートカットキーを確認したりできます。

control + (fn) + F2 でメニューバーに移動できます。矢印キーで移動して、メニューバーを操作できます。

メニューバー ⟶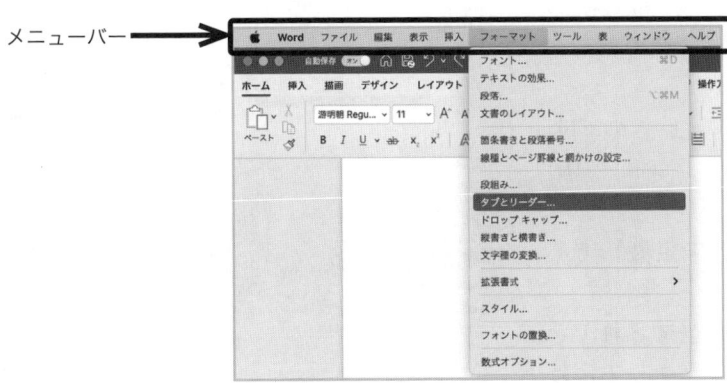

第1章 レポートを書く前に

第2章 文献を探す・読む

第3章 快適な日本語入力

第4章 効率良く仕上げる

第5章 レポートの基本

第6章 ショートカットキー

第7章 数式

第8章 図

第9章 表

第10章 発展ワザ

ショートカットキーを自分で登録する

ショートカットキーを自分で登録することで、よく使う機能を高速で操作できるようになります。自分で好きなキーを割り当てて、登録してみましょう。

例えば、ナビゲーションウィンドウという文書内の見出し一覧を表示する機能はショートカットキーが用意されていません。ここでは、ナビゲーションウィンドウの表示用のショートカットキーを登録する方法を紹介します。

1. ショートカットキーの設定画面を開く

Windows

▶ ［ファイル］タブ
▶ （その他）→オプション
▶ リボンのユーザー設定
▶ ショートカットキーの「ユーザー設定」をクリック

Mac

▶ メニューバーの「ツール」
▶ ショートカットキーのユーザー設定

2. コマンドを選択する

分類の［表示］タブから、コマンドの「NavPane」を選択します。
説明欄に「ナビゲーションウィンドウの表示 / 非表示を切り替えます。」と表示されています。

3. キーを割り当てる

「割り当てるキーを押してください」の空欄をクリックして、任意のショートカットキーを押します。

ここでは、「ナビゲーション」の「N」をとって、 Alt + Ctrl + Shift + N を押しました。

「現在の割り当て」が［未定義］であれば、登録します。

もし他のコマンドに割り当てられていた場合は、そのキーを上書きしてよければ登録するか、他のキーを押します。

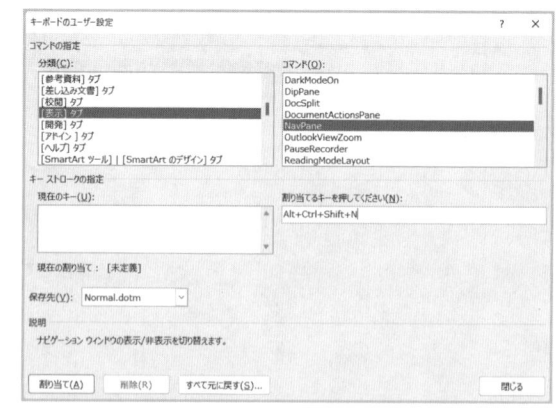

4. 完了

「割り当て」をクリックしてから、「閉じる」で設定が完了します。
Word の画面で登録したショートカットキーを押すと、動作することが確認できます。

02 厳選ショートカットキー一覧

 覚えておくと便利なショートカットキーはありますか？

 特に覚えておくべき厳選ショートカットキーを紹介します！

▶ 基本の文字操作

操作	Windows	Mac
コピー	Ctrl + C	⌘ + C
ペースト	Ctrl + V	⌘ + V
カット	Ctrl + X	⌘ + X
戻る	Ctrl + Z	⌘ + Z
進む	Ctrl + Y	⌘ + Y
全選択	Ctrl + A	⌘ + A
段落内改行	Shift + Enter	⌘ + return
後ろの文字を削除	Delete	fn + BackSpace

▶ カーソル移動

操作	Windows	Mac
行頭に移動	Home または fn + ←	⌘ + ← または fn + ←
行末に移動	End または fn + →	⌘ + → または fn + →
文書の最初に移動	Ctrl + Home	⌘ + fn + ←
文書の末尾に移動	Ctrl + End	⌘ + fn + →
1文字ずつ選択	Shift + ← / →	Shift + ← / →
単語ごとに選択	Ctrl + Shift + ← / →	⌥ + Shift + ← / →

▶ 文字・段落の操作

操作	Windows	Mac
文字サイズを大きく	Ctrl + Shift + >	⌘ + Shift + >
文字サイズを小さく	Ctrl + Shift + <	⌘ + Shift + <
上付き文字（例　H⁺）	Ctrl + Shift + +	⌘ + Shift + +
下付き文字（例　H₂）	Ctrl + Shift + −	機能しない
見出し1を適用 （2, 3も同様に）	Ctrl + Alt + 1	⌘ + ⌥ + 1
文字書式を解除	Ctrl + Space	control + Space （日本語入力切り替えと競合する 場合使えない）
標準スタイルを適用	Ctrl + Shift + N	⌘ + Shift + N
太字	Ctrl + B	⌘ + B
行間を1行に	Ctrl + 1	⌘ + 1
行間を1.5行に	Ctrl + 5	⌘ + 5
行間を2行に	Ctrl + 2	⌘ + 2
数式の挿入	Alt + Shift + =	control + Shift + =

▶ 見た目を調整

操作	Windows	Mac
改ページ	Ctrl + Enter	⌘ + return
コメントの追加	Ctrl + Alt + M	⌘ + ⌥ + A
中央揃え	Ctrl + E	⌘ + E
左揃え	Ctrl + L	⌘ + L
右揃え	Ctrl + R	⌘ + R

▶ 画面の表示

操作	Windows	Mac
編集記号の表示	Ctrl + Shift + 8	なし
検索	Ctrl + F	⌘ + F
置換	Ctrl + H	なし
Word 全体の詳細設定	Alt → T → O	⌘ + ,
段落の詳細設定	Alt → O → P	なし
タブの詳細設定	Alt → O → T	なし
フォントの詳細設定	Ctrl + D または Ctrl + Shift + F	⌘ + D
設定画面を閉じる	ESC	esc
リボンの表示・非表示	Ctrl + F1	⌘ + ⌥ + R
右クリックメニュー表示	Shift + F10	なし

▶ ファイル操作

操作	Windows	Mac
文書を開く	Ctrl + O	⌘ + O
新規文書作成	Ctrl + N	⌘ + N
印刷画面	Ctrl + P	⌘ + P
保存	Ctrl + S	⌘ + S
画面を閉じる	Alt + F4	⌘ + W

第1章 レポートを書く前に
第2章 文献を探す・読む
第3章 快適な日本語入力
第4章 効率良く仕上げる
第5章 レポートの基本
第6章 ショートカットキー
第7章 数式
第8章 図
第9章 表
第10章 発展ワザ

第7章

数式

01 数式の書き方のルール   124

02 数式を高速で入力しよう   126

03 複雑な数式を入力しよう   132

04 等号を揃えよう   135

05 数式番号を設定しよう(1)簡易的に手入力   138

06 数式番号を設定しよう(2)順番を変えても自動更新   140

07 数式番号の相互参照   145

08 化学式co2→CO_2に一発変換   149

09 Excelの指数 E+04→$\times 10^4$に一発変換   152

Column 数式を画像から瞬時に読み取るMathpix   156

01 数式の書き方のルール

 あれ…レポートに $sin\theta$ と書いたら、「sin は斜体にしない」って指摘されている…。数式にはどんなルールがあるんだっけ？

 関数は直立、変数は斜体という決まりがあります。

数式のルールを理解しよう

数式の書き方には決まりがあります。専攻分野によって表記の決まりが異なりますが、ここでは一般的なルールを記載します。

▶ 斜体と直立を使い分ける

斜体

- 物理量
  質量 m，加速度 a，周波数 f
- 数学変数・定数
  変数 x, y, z，定数 a, b, c
- 自作関数
  $f(x)$，$g(x)$

- 集合
  $A \cup B$
- 数学・物理定数
  円周率 π，虚数単位 i，自然対数の底 e，
  重力加速度 g

直立

- 数字や演算子
  $1 + 2 = 3$
- 数学関数名
  $\sin\theta$，$\cos\theta$，$\log x$，$\exp x$，
  $\min(a, b, c)$（θ，x などの変数は斜体）

- 単位
  5 cm，$\text{kg} \cdot \text{m/s}^2$
- 化学式・イオン式
  CO_2，CH_3，COO^-，NH_4^+

▶ 太字と標準を使い分ける

ベクトルや行列の記号は、太字で表記します。ベクトルや行列は、分野によって、斜体で表記する場合と直立で表記する場合があります。

$$\boldsymbol{a} = (1, 0, 0) \qquad \boldsymbol{A} = \begin{pmatrix} 1 & 0 & 0 \\ 0 & 1 & 0 \\ 0 & 0 & 1 \end{pmatrix}$$

▶ 等号の縦の位置を揃える

数式が複数行になったときは、等号を縦に揃えます。等号の揃え方は**「等号を揃えよう」** 参照 p.135 で紹介します。

$$f(x) = x^3 + 64$$
$$= x^3 + 4^3$$
$$= (x + 4)(x^2 - 4x + 16)$$

✕ 等号が揃っていない

$$f(x) = x^3 + 64$$
$$= x^3 + 4^3$$
$$= (x + 4)(x^2 - 4x + 16)$$

◯ 等号が揃っている

▶ 単位の直前に半角スペースを入れる

1.0␣m, 4.5␣kg のように、単位の直前には半角スペースを入力します。

1.0m, 4.5kg

✕ 半角スペースがない

1.0␣m, 4.5␣kg

◯ 半角スペースを入れる

▶ 数式番号を付ける

独立数式（数式のみで 1 つの段落を作ること） 参照 p.128 には、数式番号を付けます。一般的には、「(4.1)」のように「(章番号.連番)」と 2 つの番号で表記します。
また、数式番号は 3 つ以上の番号を付けることはありません（書籍のような非常に長い文章では 3 つ以上の番号を用いることはありますが、論文・レポートでは使いません）。
第 4 章 1 節の 3 番目の数式で「(4.1.3)」と書くのは不適切です。

▶ 文中の数式も数式モードで書く

本文のフォント（数式ではない普通のフォント）で数式や変数を表記するレポートをよく見かけますが、不適切です。
本文で数式や変数を記載するときは、必ず文中数式を使いましょう。

◯ 正しい文中数式 a, b, m, n を自然数とする。

✕ 本文フォントの直立 a, b, m, n を自然数とする。

✕ 本文フォントの斜体 *a, b, m, n* を自然数とする。

レポートを書く前に 第1章
文献を探す読む 第2章
快適な日本語入力 第3章
効率良く仕上げる 第4章
レポートの基本 第5章
ショートカットキー 第6章
数式 第7章
図 第8章
表 第9章
発展ワザ 第10章

02 数式を高速で入力しよう

 数式って入力が面倒くさいなぁ…。
1つひとつマウスでクリックするのが大変…。

 複雑な数式も、キーボードだけで高速に入力できますよ!

マウス入力は遅くて非効率

[挿入] タブ→ [数式] で数式の入力モードになります。画面上部に表示されるボタンから、数式の記号をクリックして選ぶと入力できます。

しかし、この機能は記号を探すのが大変で、表示されるまでに時間がかかります。マウスで1文字ずつ入力していては、スピードが上がりません。

高速で入力する方法をマスターしましょう。

数式を挿入する方法

`Alt` + `Shift` + `=` (Mac の場合は `control` + `Shift` + `=`) で数式入力モードになります。高速で簡単です。

> ここに数式を入力します。

5つのルールを覚える

Word の数式は、どんな複雑な数式でもマウスを使わずにキーボードだけで入力できます。5つのルールを覚えることで、高速に入力できます。

> ### ▶ 数式入力の5つのルール
> 1. 記号の入力は `¥` から始め、記号名を入力する
> 2. `Space` で変換する
> 3. 分数は `/` (スラッシュ) で入力
> 4. 上付き文字は `^`、下付き文字は `_`
> 5. かたまりは括弧で入力

1. 記号の入力は ¥ から始め、記号名を入力する

記号を入力するときには、最初に ¥ マークを使います。

例えば、α は ¥ a l p h a と入力して、Space キーを押すと、記号の α に変換されます。記号の入力方法がわからなければ、[数式] タブの記号一覧で、知りたい記号をマウスオーバーすると、入力方法が表示されます。よく使う数式記号一覧表 参照 p.130 も確認しておきましょう。

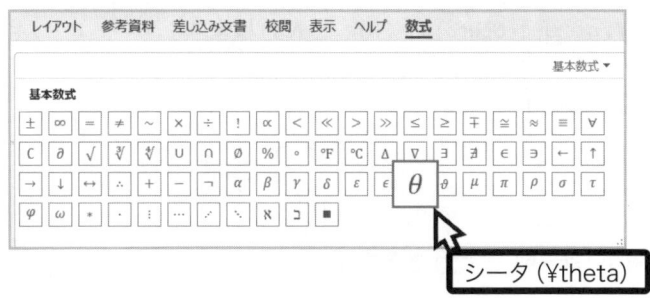

シータ（¥theta）

2. Space で変換する

¥ を使ったコマンドを入力したら、Space で記号に変換します。

また、$\sin x$ や $\log x$ などの関数を入力するときには、関数名を入力直後に Space を押すと、直立表記に変換されます。

Space で変換　　　　¥pi と入力　　　　Space で変換

3. 分数はスラッシュ / で入力する

分数にはスラッシュ / を使います。

例えば、$\dfrac{a}{b}$ は、a / b Space で入力できます。

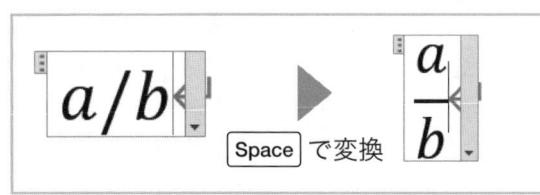

Space で変換

また、/ Space と入力すれば、下の画像のように分数ボックスが生成されるので、生成されたボックスにカーソルを移動させて数値を入力することもできます。

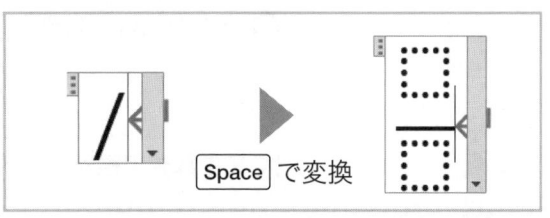

Space で変換

第1章　レポートを書く前に

第2章　文献を探す・読む

第3章　快適な日本語入力

第4章　効率良く仕上げる

第5章　レポートの基本

第6章　ショートカットキー

第7章　数式

第8章　図

第9章　表

第10章　発展ワザ

4. 上付き文字は ^ (キャレット)、下付き文字は (アンダースコア)

累乗などの上付き文字には ^ 、下付き文字には _ を使います。
例えば、e^x は e ^ x と入力し、a_1 は a _ 1 と入力します。
積分の式もこの入力方法を応用します。

$$\int_0^1 x \, dx$$

を入力するには、¥int_0^1 Space x → dx と入力します。

5. かたまりは括弧で入力

範囲を指定するには、括弧を入力します。例えば、

$$x^{a+1}$$

であれば、x^(a+1) Space で入力できます。

以上のルールを駆使すれば、どんな複雑な数式でもキーボードだけで入力できます。数式入力が圧倒的に速くなるので、ぜひ練習してみましょう。

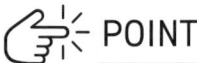 POINT

独立数式と文中数式

Word の数式には、独立数式と文中数式の 2 種類があります。

独立数式

独立数式とは、1 つの段落に数式のみが配置されている数式です。独立数式では、分数・積分・総和など、上下に文字が配置される場合にも、十分な高さできれいに表示されます。一般的に、独立数式は中央揃えで表記して、数式番号を付けます。

文中数式

文中数式とは、本文の途中に挿入された数式です。文中数式では、本文中で数式の説明やシンプルな数式を表記するときに使用します。分数・積分・総和など、上下に数式を配置すると、1 行に潰れて配置されて読みにくくなるため注意が必要です。文中数式で分数を表記するときには**スラッシュ型分数** 参照 p.132 を使用することもあります。

$$x = \frac{-b \pm \sqrt{b^2 - 4ac}}{2a} \tag{1.1}$$

$$\sum_{k=1}^{n} k = \frac{n(n+1)}{2} \tag{1.2}$$

◯ 独立数式の例

ここで a を定数とする。ただし、$0 \leq a \leq 1/2$ である。↵

◯ 文中数式は、スラッシュ型分数を使う

2 次方程式の解の公式は $x = \frac{-b \pm \sqrt{b^2 - 4ac}}{2a}$ である。↵

✕ 文中数式で複雑な数式は潰れてしまう

数式入力方法の例

数式と、それに対応するキーボードの入力方法を記します。 Space キーを入力する箇所を □ で表しています。

$$a^2 + b^2 + c^2$$

`a^2+b^2+c^2`

$$\sum_{n=1}^{\infty} \frac{1}{n^2} = 1$$

`¥sum_(n=1)^¥infty□□1/n^2□□` →`=1`

$${}_nC_r$$

`_n□C_r□`

（Cは後から Ctrl + I （Macの場合は ⌘ + I ）で直立にする）

$$\log_2 3$$

`log_2□3`

$$\lim_{x \to 0} \frac{\sin x}{x} = 1$$

`lim_(x->0)□sin□x□` →`/x=1`

$$\frac{-b \pm \sqrt{b^2 - 4ac}}{2a}$$

`(-b+-¥sqrt□(b^2-4ac)□)/2a□`

（最初に `/□` と入力して、分母と分子を別々に書いてもよい）

$$F(\omega) = \int_{-\infty}^{+\infty} f(t)e^{-i\omega t}\ dt$$

`F(¥omega□)=¥int□_(-¥infty)□^+¥infty□□f(t)e^(-i¥omega□t)□` →`dt`

積分記号インテグラル　　　無限∞　　　　　　　　　　　　ω
　　　　積分の下限　積分の上限

よく使う数式記号一覧表

記号	コマンド	覚え方
基本記号		
$\times$	¥times	
$\div$	¥div	**div**ision
$\pm$	+- または ¥pm	**plusm**inus
$\sqrt{}$	¥sqrt	**sq**uare **root**
$\sqrt[3]{}$	¥cbrt	**c**u**b**ic **root**
$\sqrt[n]{x}$	¥sqrt(n&x)	
ギリシャ文字		
α	¥alpha	
β	¥beta	
γ	¥gamma	
δ	¥delta	
Δ	¥Delta	大文字のギリシャ文字は
θ	¥theta	1文字目を大文字に
λ	¥lambda	
ϵ	¥epsilon	
ε	¥varepsilon	**var**iation
μ	¥mu	
σ	¥sigma	
Σ	¥Sigma	
ϕ	¥phi	
ω	¥omega	
π	¥pi	
ℓ	¥ell	
$\mathbb{C}$	¥doubleC	¥double●で中抜き文字
$\mathbb{Z}$	¥doubleZ	
アクセント・ベクトル		
$\vec{a}$	a¥vec	**vec**tor
$\overrightarrow{AB}$	(AB)¥vec	
$\widehat{AB}$	(AB)¥hat	
$\overline{AB}$	(AB)¥bar	
$\overparen{AB}$	¥overparen(AB)	
矢印		
$\rightarrow$	-> または ¥rightarrow	
$\leftarrow$	¥leftarrow	
$\Rightarrow$	¥Rightarrow	
$\Leftarrow$	¥Leftarrow	

記号	コマンド	覚え方
総和・積分		
$\sum$	¥sum	
$\int$	¥int	**int**egral
$\iint$	¥iint	
$\iiint$	¥iiint	
集合記号		
$\cap$	¥cap	
$\cup$	¥cup	
$\wedge$	¥wedge	
$\vee$	¥vee	
$\in$	¥in	
$\ni$	¥ni	
$\subset$	¥subset	
$\supset$	¥superset	
数学でよく使う記号		
∂	¥partial	
∞	¥infty	
$\therefore$	¥therefore	
$\because$	¥because	
$\circ$	¥degree	
$^\circ\mathrm{C}$	¥degc	**deg**ree **c**elsius
$\angle$	¥angle	
$\cdot$	¥cdot	**c**enter **dot**
$\cdots$	¥cdots	**c**enter **dots**
$\vdots$	¥vdots	**v**ertical **dots**
等号類		
$\equiv$	¥equiv	**equiv**alent
$\approx$	¥approx	**approx**imate
$\cong$	~=	
$\neq$	¥neq	**n**ot **eq**ual
$\geq$	>= または ¥geq または ¥ge	**g**reater **eq**ual
$\leq$	<= または ¥leq または ¥le	**l**ess **eq**ual
$\gg$	>> または ¥gg	
$\ll$	<< または ¥ll	
演算子		
$\propto$	¥propto	**pro**portion **to**
$\circ$	¥circ	

レポートを書く前に　第1章
文献を探す・読む　第2章
快適な日本語入力　第3章
効率良く仕上げる　第4章
レポートの基本　第5章
ショートカットキー　第6章
第7章　数式
第8章　図
第9章　表
第10章　発展ワザ

03 複雑な数式を入力しよう

 連立方程式を入力したいけど、どうやればいいかわからないな…。

 連立方程式や行列など、特殊な数式もキーボードだけで入力できます。

連立方程式や行列などの複数行にわたる数式入力では、次の3つのルールを知っておくとスムーズです。

(1)   ⌨ で縦方向の位置を揃える
(2)   ⌨ で改行位置を示す
(3) ¥close で見えない括弧を閉じる

以下では、数式モードでの書き方を説明します。

スラッシュ型の分数

2/3 のように1行で書く分数は ¥ldiv を使用します。inline **div**ision の略です。
通常の分数の / （スラッシュ）を使用すると、自動的に上下に配置されてしまいます。
文中に分数を書くときは ¥ldiv を使いましょう。m/s のような分数組立単位を使うときにも、¥ldiv を使います。

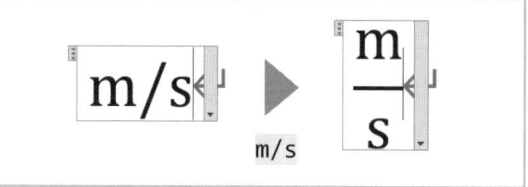

✕ スラッシュ / を使うと、
上下の分数に変換されてしまう

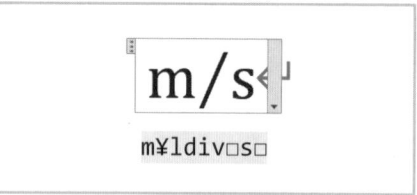

〇 ¥ldiv を使えば、
1行の分数を書ける

連立方程式の入力

2 行の連立方程式を入力する方法を紹介します。

$$\begin{cases} 2x + 3y = 10 \\ x + y = 3 \end{cases}$$

1. 入力する枠を作る

`Alt` + `Shift` + `=`（Mac の場合は `control` + `Shift` + `=`）で独立数式を作成します。
そこに `{¥close□□` と入力します（`Space` は 2 回押してください）。
すると、中括弧と点線の数式ボックスが 1 つ生成されました。

$$\left\{ \vphantom{\Big[} \right.$$

2. 段数を増やす

`←`で点線の数式ボックス内にカーソルを移動し、`Enter` を押すと、数式ボックスが 2 段になります。（さらに `Enter` を押すと、3, 4, 5…段に数式ボックスが増えていきます。）

`Enter` で変換

3. 記号を揃えて数式を入力する

この枠に数式を入力していきます。
単に入力すると、以下のように等号や x, y の縦の位置がズレてしまいます。

$$\begin{cases} 2x + 3y = 10 \\ x + y = 3 \end{cases}$$

記号の縦の位置が揃っていない

Word の数式中の「&」には、縦方向の位置を揃える効果があります。
ここでは、揃える基準となる「x」「y」「=」の各記号の直前に「&」を入力します。
1 行目は `2&x+3&y&=10`、2 行目は `&x+&y&=3` のように、「x」「y」「=」の直前に「&」を入力します。
「&」を入力しても見かけ上は変化しませんが、各箇所 1 回のみ「&」を入力してください。

$$\begin{cases} 2x + 3y = 10 \\ x + y = 3 \end{cases}$$

& を入れた位置が縦方向に揃う

第1章 レポートを書く前に
第2章 文献を探す・読む
第3章 快適な日本語入力
第4章 効率良く仕上げる
第5章 レポートの基本
第6章 ショートカットキー
第7章 数式
第8章 図
第9章 表
第10章 発展ワザ

行列の入力

1. 行列の枠の入力

¥matrix と書いて Space を押すと黒い四角形■が表示されます。

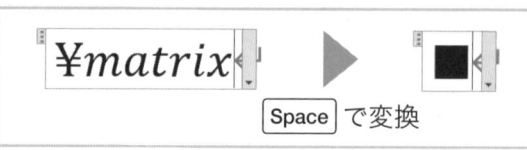

2. 行数と列数の指定

■の直後で ( ) の中に、行や列の数を指定する @ と & 記号を入力します（@, & の順番は関係ありません）。

@ を1つ加えると、行数が1つ増えます。

& を1つ加えると、列数が1つ増えます。

例えば、¥matrix□(@@&&)□ と入力すると、3×3の行列が生成できます。

丸括弧の3×5の行列を作成したいときには、(¥matrix□(@@&&&&))□ と入力すると、3×5の行列が生成できます。

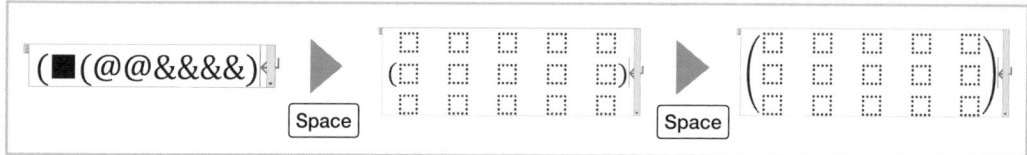

@ や & の数よりも行や列の数が1つ多いことに注意してください。

下の図の早見表を参考にしてください。

¥matrix → Space で変換した黒い四角形■の直後の ( ) 内に入力する記号は、以下の行列個数早見表を参考にしてください。

行列個数早見表

		列の数（& に対応）				
		1	2	3	4	5
行の数 （@ に対応）	1		&	&&	&&&	&&&&
	2	@	@&	@&&	@&&&	@&&&&
	3	@@	@@&	@@&&	@@&&&	@@&&&&
	4	@@@	@@@&	@@@&&	@@@&&&	@@@&&&&
	5	@@@@	@@@@&	@@@@&&	@@@@&&&	@@@@&&&&

04 等号を揃えよう

 イコール（=）をきれいに揃えたいんだけど、どうすれば揃うのかな？

 等号を揃える機能を使いましょう！

数式を改行して変形するときは、等号（=）を左に揃えます。等号を揃える方法は2種類あります。いずれも**独立数式** 参照 p.128 のみで使える方法です。

数式をEnterで改行してはいけない

数式を Enter で改行すると、各式が別個の数式として扱われるため、等号を揃えることができません。
各式の右端に改行マーク↵があるときは、別個の数式として扱われてしまっています。

$$f(x) = x^3 + 64↵$$
$$= x^3 + 4^3↵$$
$$= (x + 4)(x^2 - 4x + 16)↵$$

✕ Enter で改行すると、等号が揃わない

$$f(x) = x^3 + 64$$
$$= x^3 + 4^3$$
$$= (x + 4)(x^2 - 4x + 16)↵$$

〇 等号の左端が揃っている

（1）段落内改行を利用する方法

段落内改行 参照 p.103 （ Shift + Enter ）を利用すると、等号を揃えることができます。

1. Shift + Enter で改行して数式を書く

数式を入力します。改行位置では Shift + Enter で段落内改行します。
段落内改行すると、行末に下矢印↓が付きます

$$f(x) = x^3 + 64↓$$
$$= x^3 + 4^3↓$$
$$= (x + 4)(x^2 - 4x + 16)↵$$

2. 等号位置を揃える

数式全体をドラッグして選択します。
その状態で右クリックして、「等号揃え」をクリックします。

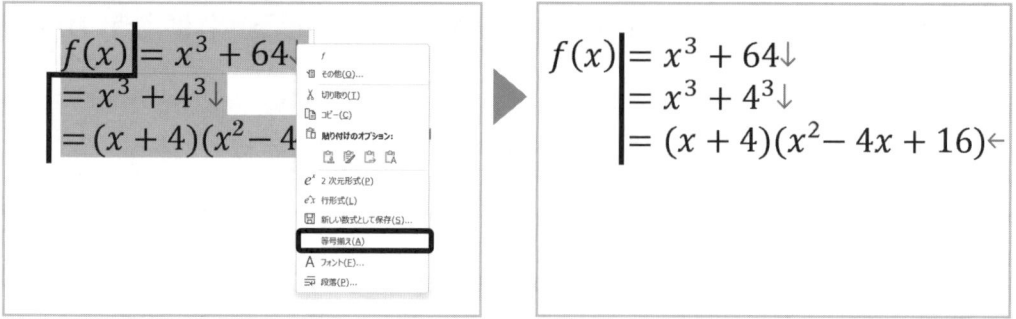

これで、等号の位置を揃えることができました。

(2) 任意指定の改行を挿入する方法

1. 数式を1行で書く

先に、数式を改行せずに1行で書きます。

$$f(x) = x^3 + 64 = x^3 + 4^3 = (x + 4)(x^2 - 4x + 16)$$

2. 改行を挿入する

▶ 改行したい位置（等号の直前）にカーソルを置いて右クリック
▶ 「任意指定の改行を挿入」をクリック

$$f(x) = x^3 + 64 = x^3 + 4^3 = (x + 4)()$$

すると、その位置で改行されます

$$f(x) = x^3 + 64$$
$$= x^3 + 4^3 = (x + 4)(x^2 - 4x + 16)$$

同様に2行目以降にも「任意指定の改行を挿入」で改行します。

$$f(x) = x^3 + 64$$
$$= x^3 + 4^3$$
$$= (x + 4)(x^2 - 4x + 16)$$

3. 等号位置を揃える

数式の2行目以降をドラッグで選択します。

$$f(x) = x^3 + 64$$
$$= x^3 + 4^3$$
$$= (x + 4)(x^2 - 4x + 16)$$

その状態で Tab キーを押します。

すると、等号の位置が揃います。

$$f(x) = x^3 + 64$$
$$= x^3 + 4^3$$
$$= (x + 4)(x^2 - 4x + 16)$$

これで、等号の位置を揃えることができました。

$$f(x) = x^3 + 64$$
$$= x^3 + 4^3$$
$$= (x + 4)(x^2 - 4x + 16)$$

第1章　レポートを書く前に
第2章　文献を探す・読む
第3章　快適な日本語入力
第4章　効率良く仕上げる
第5章　レポートの基本
第6章　ショートカットキー
第7章　数式
第8章　図
第9章　表
第10章　発展ワザ

05 | 数式番号を設定しよう(1)簡易的に手入力

数式番号って Space キーを連打して右端に寄せるのかな？

Space キーを連打したら大変ですよ。
簡単に数式番号を入力する方法を紹介します！

Spaceキーを連打してはいけない

数式番号を入力するには、専用の方法があります。数式番号を入力するときに、数式の前後で Space キーを大量に連打してはいけません。また、数式前後に Tab を挿入したり、テキストボックスを貼り付けたりすると、位置を揃えるのが大変で、面倒です。

▶ Space キーで埋めた場合

比例の一般式を式(1.1)に、一次関数の一般式を式(1.2)に示す。↵
↵
$$y = ax \qquad\qquad (1.1)↵$$
↵
$$y = ax + b \qquad\qquad (1.2)↵$$

▼ 編集記号の表示 参照 p.81 をオンにしてスペースを可視化すると…

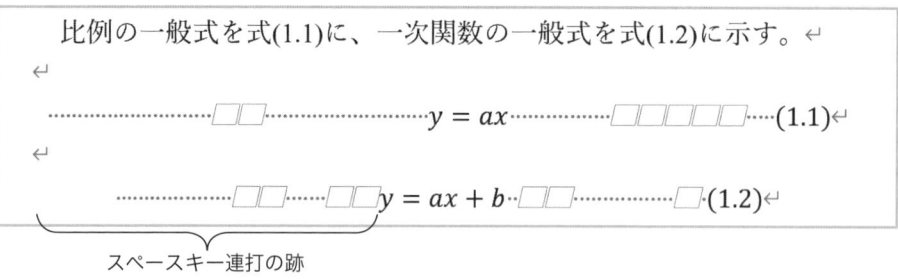

スペースキー連打の跡

全角スペース□と、半角スペース・で無理やり埋められていることがわかる。

#を使って数式番号を入力する

数式番号は # を使うことで簡単に入力できます。この方法は番号を自動で更新することはできないので、短いレポートや、簡易的に数式番号を付けたいときに使います。
長い論文・レポートを書くときは、次節の**「数式番号を設定しよう（2）順番を変えても自動更新」** 参照 p.140 の方法を使います。

1. 数式を入力する

数式を入力します。

$$y = ax + b$$

2. 行末に「#(1.1)」と入力する

数式エリア内の行末に、# に続けて数式番号を入力します。
番号の箇所に応じて「#(1.2)」や「#(3.1)」のように入力します。
半角の # を使用してください。

$$y = ax + b\#(1.1)$$

3. 行末で Enter キーを押す

行末で Enter キーを押します。
すると、# 自体は消えて、# 以降の数式番号部分が右端に移動して、数式番号の入力が完了します。

$$y = ax + b \longrightarrow (1.1)$$

番号部分が右端に移動する

これで、数式番号の位置を適切に設定することができました。右端の位置が揃うので、見栄えも良くなります。簡易的なレポートではこの方法で十分です。しかし、この数式番号は手入力しているため、数式番号は自動では切り替わりません。卒業論文のような膨大な文書でこの手法を使うと、数式を 1 つ書き加えるだけで、以降の全ての番号がズレてしまい、修正が非常に大変です。
そこで、次節では、新たな数式を挿入しても、数式番号が自動で更新されて、正しく連番が保たれる方法を紹介します。

第1章 レポートを書く前に
第2章 文献を探す・読む
第3章 快適な日本語入力
第4章 効率良く仕上げる
第5章 レポートの基本
第6章 ショートカットキー
第7章 数式
第8章 図
第9章 表
第10章 発展ワザ

06 数式番号を設定しよう⑵順番を変えても自動更新

 1つ数式を書くのを忘れていたから、数式番号を全部振り直さなきゃ…！
すごく面倒だ…。

 数式番号は自動で更新できますよ！余計な作業を大幅に減らせます。

初回の設定

数式番号の自動設定には初回は Word の設定が必要です。一度 Word に登録すればとても楽なので、ぜひ設定してみましょう。

1. 数式エリアと数式番号を用意する

筆者の Web サイト（https://www.paca-learn.com）に掲載している「レポート便利機能登録用 .docx」をダウンロードして、開きます。
「数式」の章に、以下の数式番号登録用の枠を用意しています。

2. 表部分を選択する

表の左上の十字矢印 ⊕ をクリックします。すると、表全体が選択状態になります。

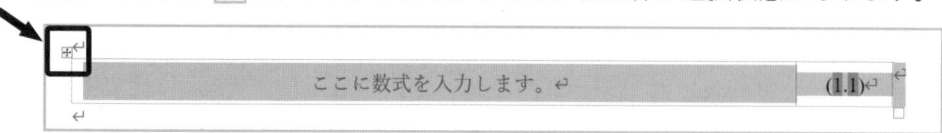

3. 数式ギャラリーに保存する

▶ ［数式］タブ
▶ 最左の「数式☑」をクリック
▶ 「選択範囲を数式ギャラリーに保存」
▶ 適当な名前を付ける（ここでは「数式番号自動設定」としました）
▶ 保存先を「Normal.dotm」にする
▶ OK をクリック

これで保存されます。

「変更をテンプレートに保存しますか？」というメッセージが出てきた場合は、「はい」をクリックしてください。

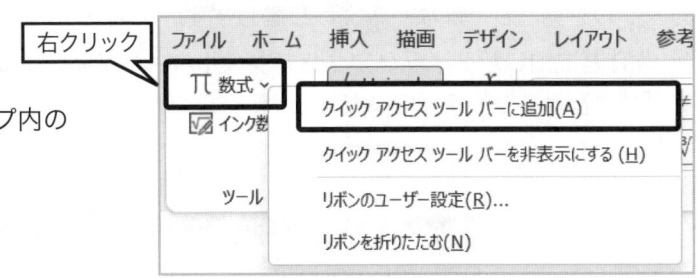

4. 数式入力アイコンをクイックアクセスツールバーに登録しよう

▶ （数式エリアをクリック）
▶ ［数式］タブをクリック
▶ 最左の「ツール」グループ内の「数式☑」を**右クリック**

「クイックアクセスツールバーに追加」をクリックするすると、下の画像のように、クイックアクセスツールバーに追加されました。

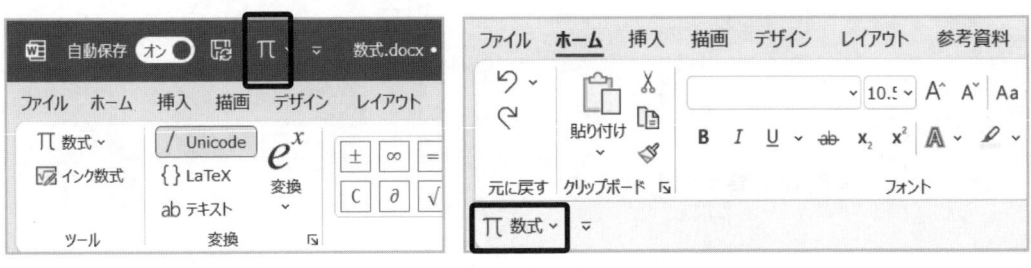

設定によって、クイックアクセスツールバーはリボンの上または下に配置されます。

番号付き数式の入力方法

登録したパーツを使って、番号付きの数式を入力してみましょう。

1. 文書を開く

本書の付録のレポートテンプレートを使用した文書を開きます。新規作成しても構いません。

2. 見出し番号を付ける

「見出し 1」をクリックして、適当な見出しを追加します。この番号が、数式番号の章番号に反映されます。

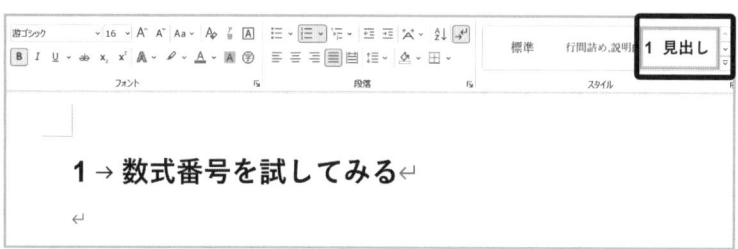

3. 数式パーツを追加する

カーソルを見出しではなく本文に移動します。

▶ 先ほど追加したクイックアクセスツールバーの「π ▽」のボタンをクリック

▶ 「数式番号自動設定」をクリック

すると、数式のパーツが追加されます。

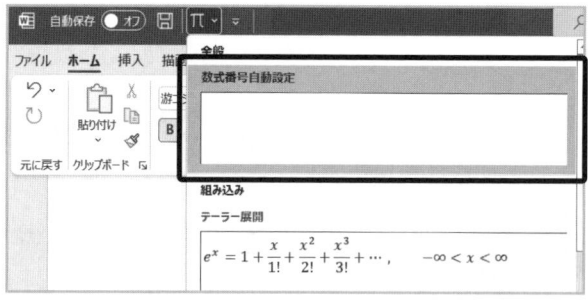

数式番号が追加されました。

同様に複数の数式パーツを追加すれば、正しく連番が作成されることがわかります。

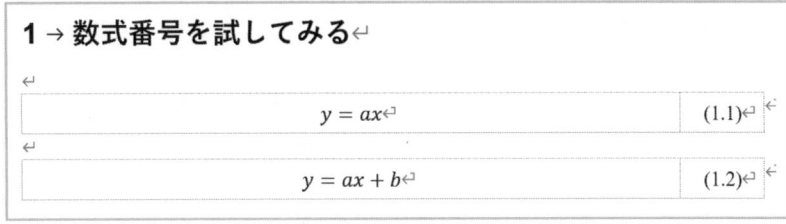

4. 数式を入力する

「ここに数式を入力します」と書かれた数式エリアに任意の数式を入力します。

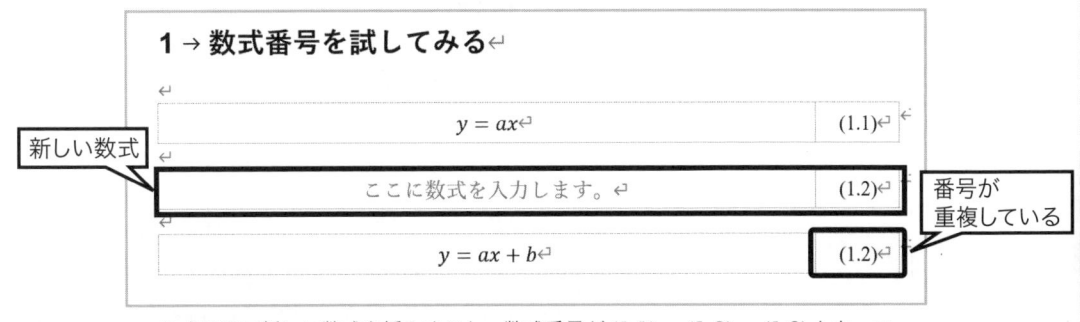

番号を更新する

数式を途中に挿入すると、数式番号が一致しません。しかし、簡単な更新操作で正しい連番に修正できます。

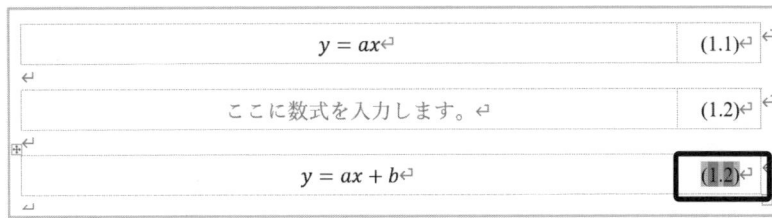

2 式の間に新しい数式を挿入すると、数式番号が (1.1) → (1.2) → (1.2) となってしまった。最後の式を (1.3) に更新したい。

1. 更新部分を選択する

更新が必要な部分をドラッグで選択します。 Ctrl + A で文書を全選択してもよいです。

レポートを書く前に 第1章
文献を探す・読む 第2章
快適な日本語入力 第3章
効率良く仕上げる 第4章
レポートの基本 第5章
ショートカットキー 第6章
数式 第7章
図 第8章
表 第9章
発展ワザ 第10章

2. 文書を更新する

選択した部分を右クリックして「フィールド更新」をクリックします。
すると、数字が正しく連番に更新されることが確認できます。

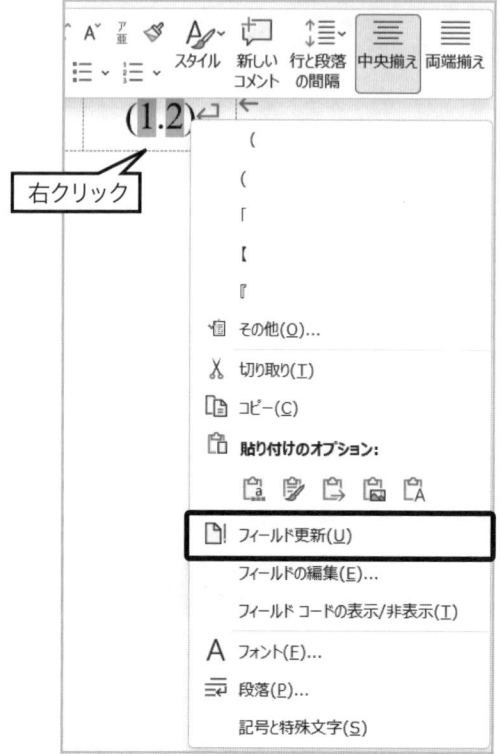

▼「フィールド更新」をクリックする

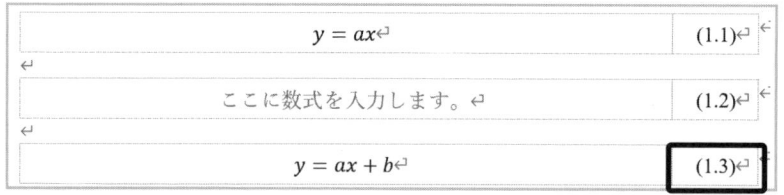

数式番号が正しい連番に更新された。

07 数式番号の相互参照

 「式 (1.3) は、」のように数式を本文で引用して書きたいけど、
1箇所ズレたので修正が大変だぁ…！

 Word の相互参照機能を活用して、
数式番号を簡単に連動させましょう。

数式の相互参照とは

数式の相互参照とは、「式 (1.3) に〇〇を示す。」のように、数式番号を本文中に引用することです。

数式の番号を手動で入力してはいけません。新しい数式を挿入したときに番号を全て打ち直す必要があり非常に手間がかかるからです。

Word の相互参照機能を使えば、数式番号を自動的に引用できるため、正確に番号を付けられます。

1　一次関数と二次関数

式(1.1)に比例の一般式を示す。

$$y = ax$$

(1.1)

式(1.2)に一次関数の一般式を示す。

$$y = ax + b$$

(1.2)

式(1.3)に二次関数の一般式を示す。

$$y = ax^2 + b$$

(1.3)

相互参照の例

相互参照の設定手順

1. 番号付きの数式を作成する

前節「数式番号を設定しよう（2）順番を変えても自動更新」 参照 p.140 で紹介した方法
で数式番号を設定した数式を用意します。必ず「見出し1」の見出しを設定してください。

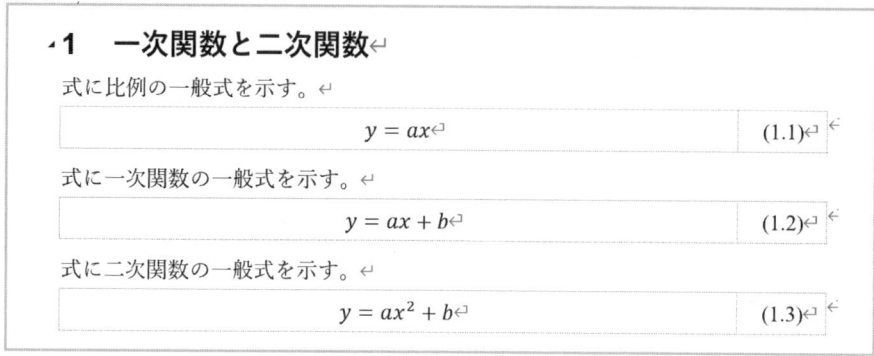

2. 番号の挿入部分にカーソルを移動する

本文で引用したい部分にカーソルを移動させます。

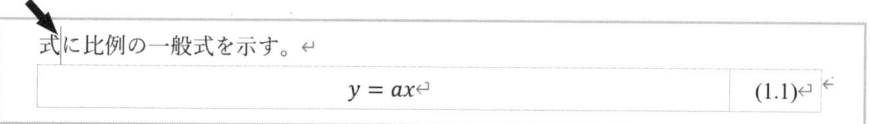

3. 相互参照する

［挿入］または［参考資料］タブの「相互参照」で、相互参照を設定します。
「参照する項目」で「数式」を選択し、「相互参照の文字列」を「図表番号全体」を選択します。
引用したい数式番号をクリックすると青くなります。
この状態で「挿入」をクリックします。すると、「(1.1)」のように数式番号が挿入されます。

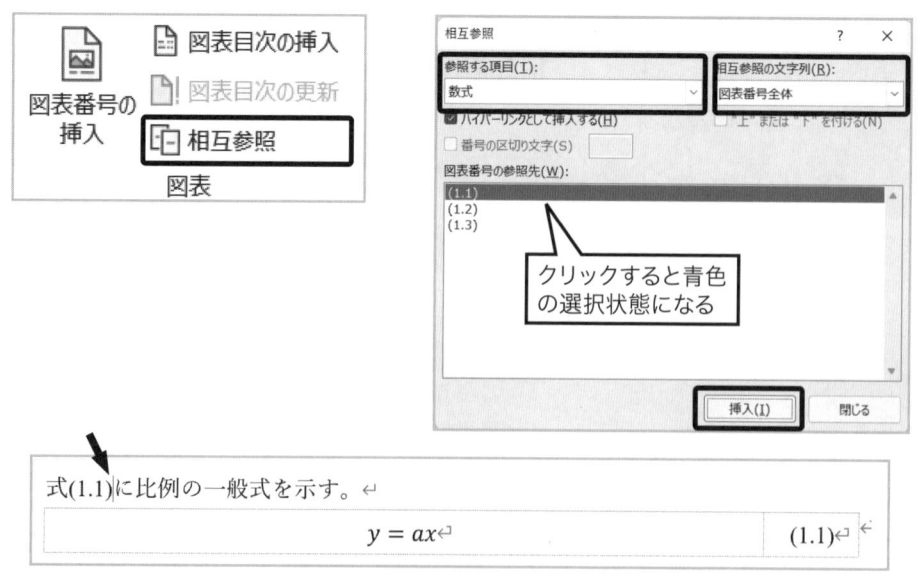

相互参照が完了した

同様に式 (1.2) 以降も相互参照すれば、数式番号と引用箇所が連動した状態になります。

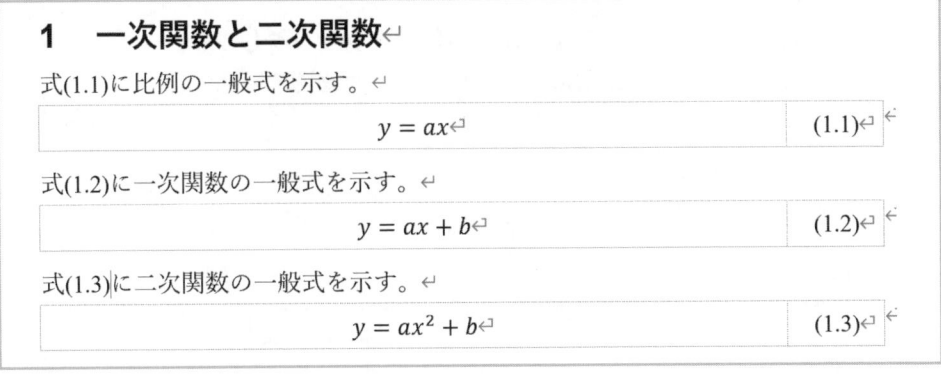

全ての数式が相互参照された

番号を更新する

数式を途中で新たに挿入した場合、引用した番号がズレます。番号を更新して、正しい連番にしましょう。

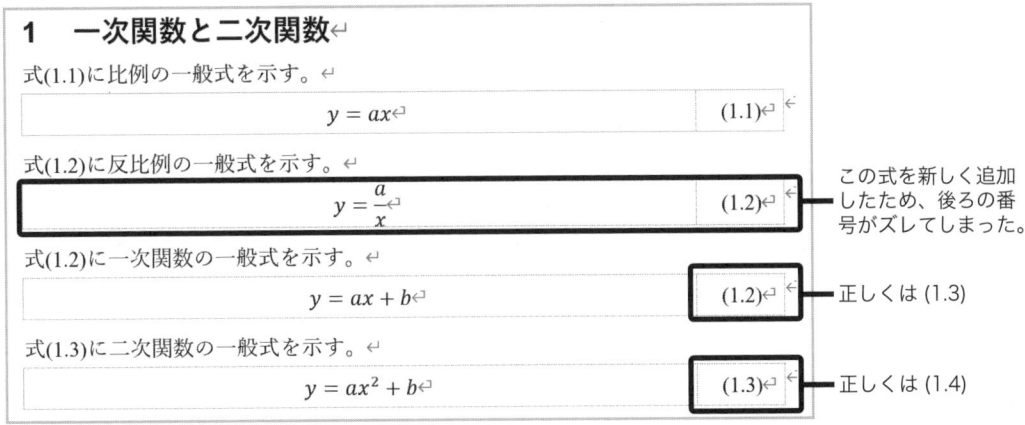

この式を新しく追加したため、後ろの番号がズレてしまった。

正しくは (1.3)

正しくは (1.4)

1. 更新部分を選択する

更新が必要な部分をドラッグで選択します。 Ctrl + A で文書を全選択してもよいです。

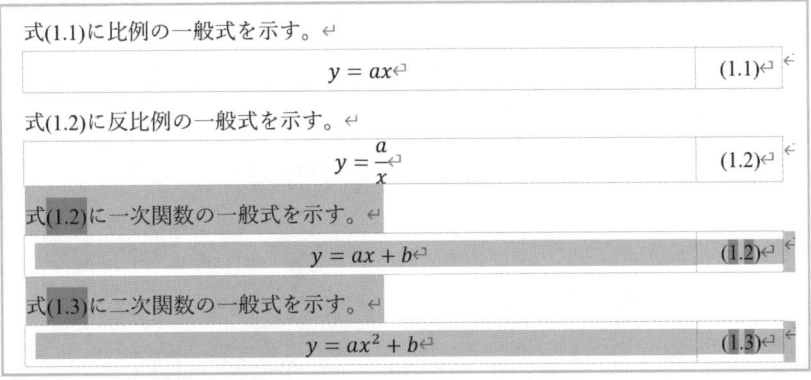

レポートを書く前に 第1章

文献を探す・読む 第2章

快適な日本語入力 第3章

効率良く仕上げる 第4章

レポートの基本 第5章

ショートカットキー 第6章

数式 第7章

図 第8章

表 第9章

発展ワザ 第10章

2. 文書を更新する

選択した部分を右クリックして「フィールド更新」をクリックします。
すると、引用した番号が正しく連番になっていることが確認できます。

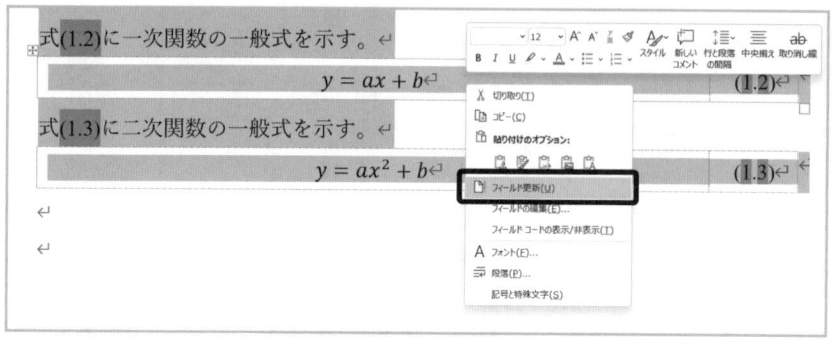

▼ 「フィールド更新」をクリックする

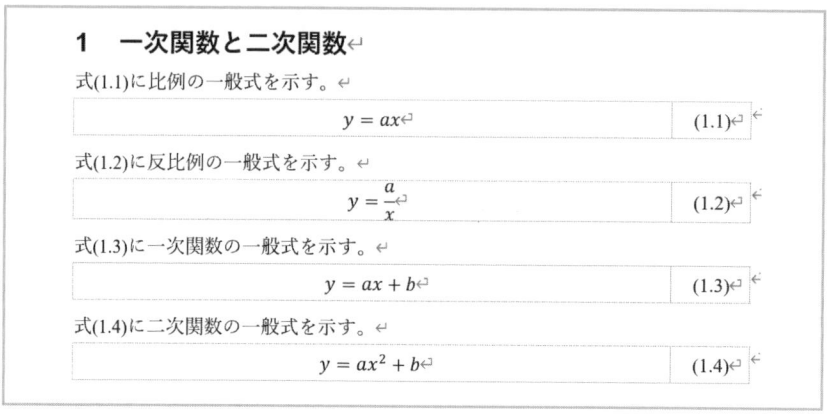

引用した番号が正しい連番に更新された

08 化学式co2→CO₂に一発変換

化学式がたくさん出てくるレポートで、
CO_2 や SO_4^{2-} とかの小さい文字の入力が面倒だなぁ。

化学式は登録すれば、自動で変換できるようになりますよ!

化学式・イオン式には、上付き文字や下付き文字を使います。これを1つずつ入力する
のは非常に面倒です。
「co2」と入力すれば、自動で「CO_2」と変換されるように設定して、効率良く入力しましょう。

化学式を登録する

ここでは、「オートコレクトのオプション」機能を活用して、自動変換できるようにします。
一度登録してしまえば、他の文書でも自動で変換されるようになります。ぜひやってみま
しょう。

1. Word 文書を開く

Word の文書を開きます。新規文書でも執筆中の文
書でも構いません。
筆者の Web サイト (https://www.paca-learn.com)
に掲載している「レポート便利機能登録用 .docx」を
ダウンロードして開くと、代表的な化学式を記載し
ています。

> **2　化学式の登録**
>
> CO_2
> NH_3
> H_2SO_4
> $NaHCO_3$
> Na_2CO_3
> CH_3COOH
> C_6H_6

2. 化学式を書く

自分で新たな化学式を登録する場合は次の
手順で入力します。
下付き文字・上付き文字を入力するには、
Word 画面上部の「フォント」内のメニュー
をクリックします。

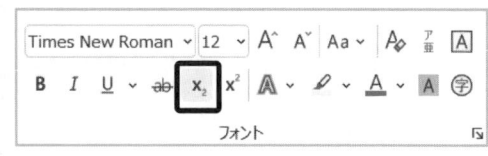

例えば、「CO_2」と書くには、一度 CO2 と書いてから、「2」をドラッグして下付き文字に
変更します。

大文字で「CO2」と入力　　「2」をドラッグして選択　　「2」を下付き文字に変更

POINT

下付き文字・上付き文字をショートカットキーで素早く操作

下付き文字は Ctrl + Shift + -
上付き文字は Ctrl + Shift + +
通常書式に戻すには Ctrl + Space
を使います。

3. 化学式を選択する

登録したい化学式をドラッグして、選択状態にします。

このとき、右端の改行マーク↵を含まないようにします。

左端から右端までドラッグで選択し、 Shift + ← で、改行マーク↵が選択範囲に含まれないようにします。

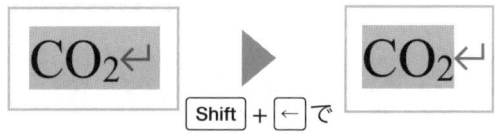

4. 化学式を登録する

選択した化学式を登録します。

▶ ファイル（Mac の場合は、画面左上「Word」メニュー）
▶ オプション（画面左下。機種によっては「その他…」→「オプション」）（Mac の場合は「環境設定」）
▶ 文章校正
▶ オートコレクトのオプション
▶ 空欄に「co2」のように全て小文字で入力
▶ **「書式付き」にチェックを入れる**
▶ 「追加」をクリック
▶ OK
▶ OK

これで登録が完了します。

第1章 レポートを書く前に
第2章 文献を探す・読む
第3章 快適な日本語入力
第4章 効率良く仕上げる
第5章 レポートの基本
第6章 ショートカットキー
第7章 数式
第8章 図
第9章 表
第10章 発展ワザ

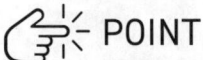 **POINT**

ショートカットキーで素早く登録

ショートカットキーを使えば、化学式を素早く登録できます。Windows で、文字列の選択操作から、マウスを使わずに登録する方法を紹介します。

▶ 「CO_2」の左端にカーソルを合わせる

▶ Shift + → → → （化学式の文字数分の右矢印）　［CO2↵ の選択］

▶ Shift + ← （左矢印）　　　　［改行マーク↵ の選択解除］

▶ Alt → T → A　　　　［オートコレクトのオプション］

▶ 「co2」と入力（全て小文字）

▶ Alt + F　　［書式付きを選択］

▶ Enter キー　［追加を選択］

▶ Enter キー　［OK を選択］

▶ ESC キー　　［オプションメニューを閉じる］

5. 化学式入力を使ってみる

使い方は簡単です。

「二酸化炭素は co2 と表す」のように小文字で「co2」と書きます。直後に文字を入力するか、 Space を押すと化学式の部分が自動的に「CO_2」に変換されます。

二酸化炭素は co2↵

二酸化炭素は CO_2 と↵

小文字で「co2」　　続けて「と」を入力すると　　CO_2 に変換された

 **POINT**

Ctrl + Space で元の書式に

「SO_4^{2-}」のように、上付き文字で終わる化学式は、それに続く文字も上付き文字で入力されてしまいます。そのときは、 Ctrl + Space で書式をリセットしてから、続きの文字を入力します。

このようによく使う化学式をオートコレクトのオプションに登録しておけば、快適に入力できます。

09 Excelの指数 E+04→×10⁴に一発変換

「1.00E+04」と書いてある Excel 計算結果を、
Word にコピー & ペーストして、1.00 × 10⁴ に書き直すの面倒だな…。

オートコレクトのオプションを活用すれば、
瞬時に変換できるようになりますよ！

Excel では、値の指数表記が「E+04」のように表記されます。この値を Word にコピー & ペーストしたときに、そのまま「E+04」とは書かずに「× 10^4」と指数表記するのが一般的です。

前節と同様に、オートコレクトのオプションを活用して、指数表記を変換していきます。

$$1.00E+4 \blacktriangleright 1.00 \times 10^4$$

初回に指数表記を登録する

「オートコレクトのオプション」に指数表記を登録します。

1. 指数表記を用意する

筆者の Web サイト (https://www.paca-learn.com) に掲載している「レポート便利機能登録用 .docx」をダウンロードします。
「指数表記を変更」から、指数表記の一覧を表示します。

> **3   指数表記を変更**⏎
> ×10^1⏎
> ×10^2⏎
> ×10^3⏎
> ×10^4⏎
> ×10^5⏎
> ×10^6⏎
> ×10^7⏎
> ×10^8⏎
> ×10^9⏎
> ×10^{10}⏎

2. 指数部分を選択する

ここでは、例として「× 10^4」を登録します。
「× 10^4」の部分をドラッグして、選択状態にします。
このとき、右端の改行マーク⏎を含まないようにします。
左端から右端までドラッグで選択した後に、
Shift + ← で、改行マーク⏎の選択を解除します。

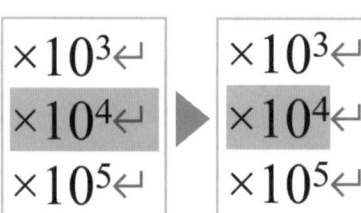

3. 指数部分を登録する

選択した「× 10^4」の部分を登録します。

▶ ファイル（Mac の場合は、画面左上「Word」メニュー）
▶ オプション（画面左下）（Mac の場合は「環境設定」）
▶ 文章校正
▶ オートコレクトのオプション
▶ 空欄に「E+04」のように入力
▶ **「書式付き」にチェックを入れる**
▶ 「追加」をクリック
▶ OK
▶ OK

これで登録は完了です。

同様に「× 10^5」～「× 10^9」等も必要なだけ登録しましょう。

負の指数を登録したいときは、「× 10^{-4}」を「E-04」として登録します。

 **POINT**

ショートカットキーで素早く登録

ショートカットキーを使えば、1 つの化学式を素早く登録できます。Windows で、文字列の選択操作から、マウスを使わずに登録する方法を紹介します。

ここでは「× 10^4」を登録する方法を紹介します。

▶ × 10^4 の左端にカーソルを合わせる
▶ Shift + → → → → （右矢印 4 回）　　[× 10^4 ⏎ の選択]
▶ Shift + ← （左矢印）　　[改行マーク ⏎ の選択解除]
▶ Alt → T → A [オートコレクトのオプション]
▶ 「E+04」と入力
▶ Alt + F　　[書式付きを選択]
▶ Enter キー　　[追加を選択]
▶ Enter キー　　[OK を選択]
▶ ESC キー　　[オプションメニューを閉じる]

慣れてくると、1 回の登録を 10 秒ほどでできるようになります。

レポートを書く前に　第1章
文献を探す読む　第2章
快適な日本語入力　第3章
効率良く仕上げる　第4章
レポートの基本　第5章
ショートカットキー　第6章
数式　第7章
図　第8章
表　第9章
発展ワザ　第10章

Excelを指数表記にする

Excel の指数表記はセルの幅によって表記される桁数が変化することがあります。まずは桁数を揃えましょう。

1. Excel シートの値を用意する

値を記入した Excel シートを用意します。
セルの幅によって、右図のように桁数に応じて指数表記になるセルが現れます。
まずは、ドラッグして数値全体を選択状態にします。

日数	値
1	35234
2	124143
3	437407
4	1541160
5	5430124
6	1.9E+07
7	6.7E+07
8	2.4E+08
9	8.4E+08
10	2.9E+09

2. 桁数を揃える

Excel のホームタブ「数値」に桁数の変更ボタンで、選択範囲全体の桁数を増減します。

右図では小数点以下 2 桁（有効数字 3 桁）に設定しました。
全体の桁数が揃えば、Excel の準備は完了です。

日数	値
1	3.52E+04
2	1.24E+05
3	4.37E+05
4	1.54E+06
5	5.43E+06
6	1.91E+07
7	6.74E+07
8	2.38E+08
9	8.37E+08
10	2.95E+09

使ってみる

準備が整いました。実際に使ってみましょう。

1. Excel の値を Word にコピー＆ペーストする。

Excel の値を Word にコピー＆ペーストします。
貼り付けたときに右下に表示される、「貼り付けのオプション」 📋（Ctrl）で、
「貼り付け先のスタイルを使用 📋」を選択します。
すると、表が作成されます。

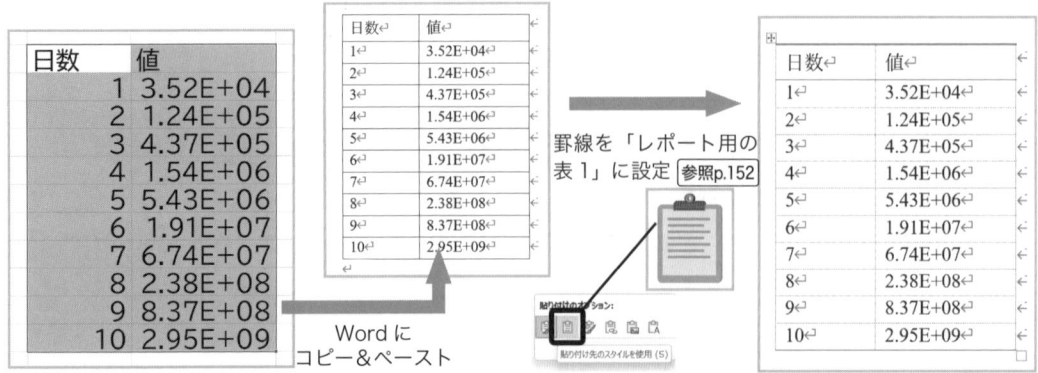

罫線を「レポート用の表1」に設定 <u>参照p.152</u>

Word にコピー＆ペースト

貼り付け先のスタイルを使用 (S)

2. 行末にカーソルを通過させる

作成した表の最上行末（下図では「3.52E+04」の直後）にカーソルを置き、⬇で下方向にカーソルを移動させます。

すると、「E+04」の部分が「× 10^4」に変換されていきます。

日数⏎	値⏎	
1⏎	3.52E+04⏎	⏎
2⏎	1.24E+05⏎	⏎
3⏎	4.37E+05⏎	⏎
4⏎	1.54E+06⏎	⏎
5⏎	5.43E+06⏎	⏎
6⏎	1.91E+07⏎	⏎
7⏎	6.74E+07⏎	⏎
8⏎	2.38E+08⏎	⏎
9⏎	8.37E+08⏎	⏎
10⏎	2.95E+09⏎	⏎

⬇でカーソル移動すると、「× 10^4」に変化する。

日数⏎	値⏎	
1⏎	3.52×10^4⏎	⏎
2⏎	1.24E+05⏎	⏎
3⏎	4.37E+05⏎	⏎
4⏎	1.54E+06⏎	⏎
5⏎	5.43E+06⏎	⏎
6⏎	1.91E+07⏎	⏎
7⏎	6.74E+07⏎	⏎
8⏎	2.38E+08⏎	⏎
9⏎	8.37E+08⏎	⏎
10⏎	2.95E+09⏎	⏎

同様に、⬇を連打（または長押し）すれば、指数表示が一気に変換されていきます。

日数⏎	値⏎	
1⏎	3.52×10^4⏎	⏎
2⏎	1.24×10^5⏎	⏎
3⏎	4.37×10^5⏎	⏎
4⏎	1.54×10^6⏎	⏎
5⏎	5.43×10^6⏎	⏎
6⏎	1.91×10^7⏎	⏎
7⏎	6.74×10^7⏎	⏎
8⏎	2.38×10^8⏎	⏎
9⏎	8.37×10^8⏎	⏎
10⏎	2.95×10^9⏎	⏎

👆 POINT

うまく変換されないときは

この方法では、オートコレクト機能を使いました。

オートコレクトでは、Ctrl + Z で操作を戻した部分は、カーソルを再度通過させても変換されなくなります。思うように自動変換されないときは、Excelから表をコピー＆ペーストし直してみましょう。

また、オートコレクトの登録で「書式付き」を選択していない場合もうまく変換されません。一度削除してから再度登録し直してみましょう。

第1章 レポートを書く前に
第2章 文献を探す・読む
第3章 快適な日本語入力
第4章 効率良く仕上げる
第5章 レポートの基本
第6章 ショートカットキー
第7章 数式
第8章 図
第9章 表
第10章 発展ワザ

Column ▸ 数式を画像から瞬時に読み取る Mathpix

論文に記載された数式を、Word で正確に手入力することはなかなか難しくて、面倒です。そこで、数式を自動で読み取り、Word の数式に変換できる Mathpix というアプリを紹介します。Windows や Mac のパソコン、iOS や Android のスマートフォンで使用できます。公式サイト（https://mathpix.com）からアプリをダウンロードできます。

使い方は非常に簡単です。PC で論文の PDF を開き、数式を表示します。Mathpix を起動して、数式をスクリーンショットのようにスキャンすれば、自動的に数式をデータに変換します。手書きノートの写真を読み込んだり、画面に直接手書きしたりしても、数式をデータに変換できます。読み取った数式は、Word や LaTeX の数式としてコピー＆ペーストできます。複雑な数式でも精度高く読み取ることができるため、数式を多く扱う論文・レポートで非常に重宝します。

無料プランでは月間の回数制限（月に最大 10 個の数式）がありますが、大学のメールアドレスでアカウントを作成すれば、回数制限が緩和されます（月に最大 20 個の数式）。ぜひ試してみましょう。

$$H_\rho = \frac{m}{4\pi} \int_0^\infty [e^{-u_0(z+h)} - r_{\mathrm{TE}} e^{u_0(z-h)}] \lambda^2 J_1(\lambda\rho) d\lambda.$$

多少画質が荒い数式を読み込んでも…

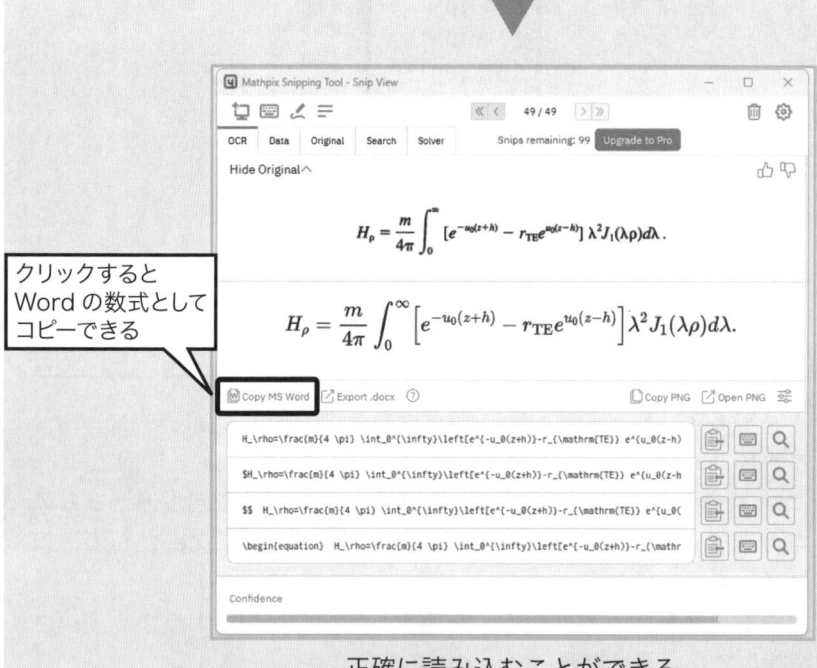

クリックすると Word の数式としてコピーできる

正確に読み込むことができる

第8章

図

01　図の基本を理解しよう　　　　　　　　　　　158

02　文字列の折り返しをマスターしよう　　　　　160

03　複数の図をきれいに並べよう　　　　　　　　162

04　図のサイズを調整しよう　　　　　　　　　　164

05　図番号を設定しよう　　　　　　　　　　　　166

06　図番号を相互参照しよう　　　　　　　　　　170

07　PC画面のスクショを撮影しよう　　　　　　172

01 図の基本を理解しよう

 レポートには、どんな図を挿入すればいいのだろう？

 自分で撮影した写真や、図形、グラフ、
使用が許可されているインターネット上の画像を挿入しましょう。

図の基本

文章では説明しにくい箇所は、図を用いて効果的に説明します。
図は次の要件を守りましょう。

▶ タイトルは図の下側

図のタイトル（キャプション）は、図の下側に付けます。
また、基本的には「図1.1」のように図番号を付けましょう。

図 1.1　ヒマワリ

図番号を図の下側に付ける。

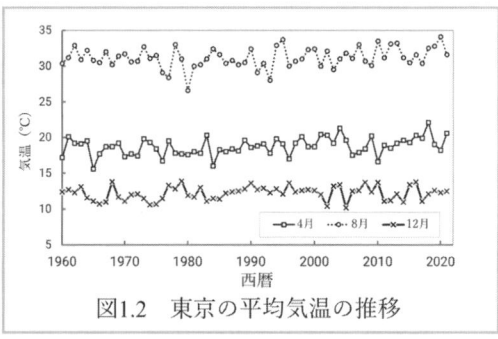

図1.2　東京の平均気温の推移

グラフはマーカーや線種を調整し、凡例を示す。

▶ 解像度を適切に

画像のきめ細かさを解像度といいます。解像度が高いほどはっきり見えます。
レポートには、適度に解像度が高い画像を使いましょう。解像度が低い画像は、モザイク
をかけたようにぼやけて見えてしまいます。

✕ 解像度が低くてぼやけている

◯ 十分な解像度がある

▶ 比率を変えて歪めてはいけない

画像の比率を変えてはいけません。歪んで見えて不格好になってしまいます。大きさを調整したいときは、「図のサイズを調整しよう」 参照 p.164 で紹介する、比率を保ったまま拡大縮小やトリミングをしましょう。

✖ 歪んでいて不格好

〇 比率が正しい

▶ 著作権に注意する

画像には著作権があります。もちろんインターネット上の各画像にも著作権があります。引用元を表示しても、無断で引用するのは不適切です。著作権法上認められているのは、**引用者独自のコンテンツを作成する上で引用が必要不可欠な場合のみ**です。また、引用した画像を勝手に改変してはいけません。他の文献やサイトから引用した図は適切に引用元を示しましょう。

なお、自分で撮影・作成した図は自由に使用できます。著作権フリーの画像サイトであれば、出典元の明記が不要なこともあります。サイトの規約をよく確認しましょう。

第1章 レポートを書く前に
第2章 文献を探す・読む
第3章 快適な日本語入力
第4章 効率良く仕上げる
第5章 レポートの基本
第6章 ショートカットキー
第7章 数式
第8章 図
第9章 表
第10章 発展ワザ

02 文字列の折り返しをマスターしよう

あれ…画像を挿入したら、文字が画像に隠れてしまったな…。
どうしたらいいんだろう？

画像と文字の位置関係を理解すると、スムーズに作業できますよ！

画像周辺の文字配置を調整する

画像と文字の位置関係には7種類のオプションがあります。それぞれの特徴を理解して、画像を思い通りに配置できるようになりましょう。

▶ 文字列の折り返し

画像を挿入すると、画像の右上にアーチ状のアイコンが表示されます。クリックすると、7種類のレイアウトオプションを選択できます。

各アイコンは、左図のようなアーチ型の画像を配置したときに、周囲の文字列がどのように配置されるかを模式的に表しています。

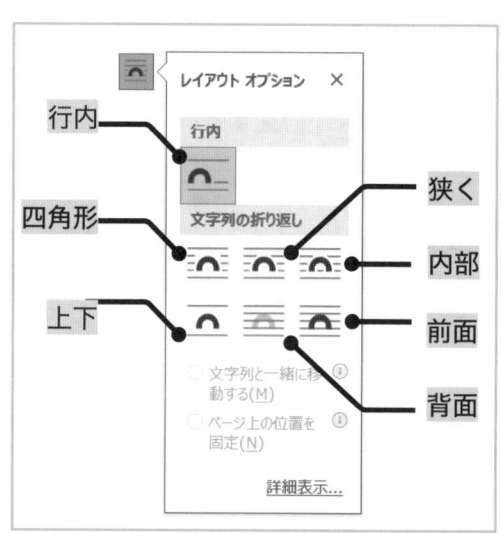

行内

「行内」は画像を文字と同じように扱う機能です。「大きなフォントサイズの文字が入っている」と考えればわかりやすいです。左下の例のように、文中に画像を入れる機会は滅多にありません。右下の例のように、画像のみの段落を作成し、Ctrl + E（Macの場合は ⌘ + E）で中央揃えにすれば、画像を用紙の中央に配置することができて便利です。

吾輩は猫である。名前はまだ無い。
どこで生れたかとんと見当がつかぬ。何でも薄暗いじめじめした所でニャーニャー泣いていた事だけは記憶している。　　　　　　　　　　　　吾輩はここで始めて人間というものを見た。しかもあとで聞くとそれは書生という人間中で一番獰悪な種族であったそうだ。

吾輩は猫である。名前はまだ無い。
どこで生れたかとんと見当がつかぬ。何でも薄暗いじめじめした所でニャーニャー泣いていた事だけは記憶している。
吾輩はここで始めて人間というものを見た。しかもあとで聞くとそれは書生という人間中で一番獰悪な種族であったそうだ。この書生というのは時々我々を捕

四角形・狭く

「四角形」は画像を避けるように、文字列が上下左右に移動する機能です。右の例のように、左端や右端に画像を寄せて文章中に画像を挿入するときに便利です。

「狭く」は、四角形のみならず曲線の図形の周縁部に合わせて配置されます。

上下

「上下」は画像の上下に文字列を配置する機能です。画像だけが 1 行に配置されます。

背面

「背面」は文字列が画像を覆い被せて表示する機能です。文字列に影響を与えることなく、画像を動かすことができます。文の背景に飾り付けをしたいときに使えます。

前面

「前面」は画像が文字列を覆い被せて表示する機能です。「背面」と同様に、文字列に影響を与えることなく、画像を動かすことができます。左下の例のように、文字列に覆い被せて画像を表示する機会は滅多にありません。右下の例のように、任意の位置に画像を貼り付けたいときに便利です。

内部

「内部」はアーチ状や円の図形に合わせて、図形の周縁部と内側に合わせて文字列を配置します。論文やレポートでは滅多に使うことはありません。

レポートを書く前に 第1章
文献を探す・読む 第2章
快適な日本語入力 第3章
効率良く仕上げる 第4章
レポートの基本 第5章
ショートカットキー 第6章
数式 第7章
図 第8章
表 第9章
発展ワザ 第10章

03 複数の図をきれいに並べよう

6個の図をきれいに並べたいけど、なかなかうまくいかないな…。

複数の図を並べるには「見えない表」を使うとうまくいきますよ！

表を活用して図を並べる

前節で紹介したレイアウトオプションの「前面」や「背面」では、画像を左右にきれいに揃えて並べるのが難しいです。

ここでは表を活用して、下のように図をきれいに並べる方法を紹介します。

完成見本

1. 表を作成する

必要なマス数の表を作成します。各画像に１マスずつ、各名前に１マスずつ使います。ここでは４行３列の表を作成します。

2. 表の罫線を削除する

表の罫線は使わないので削除します。

▶ 表の左上の上下矢印 ✛ をクリックして表全体を選択

▶ ［テーブルデザイン］タブ

▶ 「罫線」の ☑ マークをクリック

▶ 「枠なし」をクリック

すると、罫線が全て削除されます。

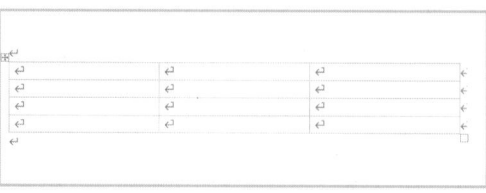

3. 表を中央揃えにする

▶ 表の左上の十字矢印 ✛ をクリックし、表全体を選択

▶ ［レイアウト］タブの「配置」で「上揃え（中央）」を選択します。

▶ 改行マーク ⏎ の位置がそれぞれのマスの中央になったことを確認します。

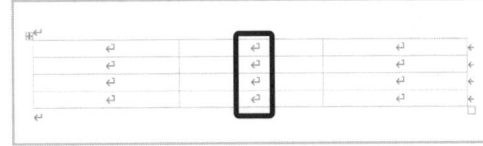

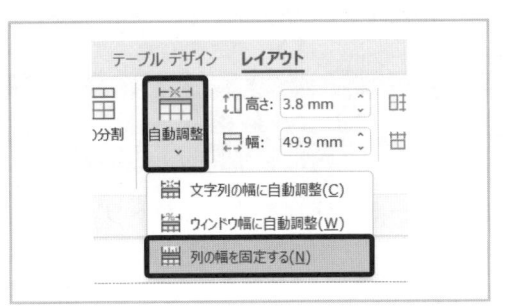

4. 表の列の幅を固定する

表の列の幅を固定します。この操作をすると、画像を挿入したときに、表のサイズが変更されないようになるため、全ての画像の横幅を揃えることができます。
表内にカーソルを置いた状態で、

▶ ［レイアウト］タブ

▶ 「自動調整」の ✓ マークをクリック

▶ 「列の幅を固定する」をクリック

見かけ上何も変わりませんが、これで表の列の幅が固定されました。

5. 画像を挿入する

各マスに画像を挿入していきます。挿入したいマスにカーソルを置いた状態で画像をコピー＆ペーストしたり、ドラッグ＆ドロップしたりして、表のマスに画像を挿入します。図タイトルを下のマスに入力しましょう。

6. 図タイトルのセルの高さを調整する

図タイトルの行が画像の上下両方に近いと、図タイトルが上と下の画像のどちらを示しているのかわかりにくいです。セルの高さを高くして、図タイトルの距離を調整しましょう。

▶ 名前の行をドラッグして選択する

▶ ドラッグしてマスの高さを増やすか、［レイアウト］タブで高さを高くします。

これで画像と名前のセットがわかりやすくなりました。これで完成です。

04 図のサイズを調整しよう

 図の一部分だけ切り抜きたいけどどうしたらいいのかな？

 図を切り抜くには「トリミング」機能を使うといいですよ！

トリミングで画像を切り抜く

画像の一部を切り抜くことをトリミングといいます。トリミングをすれば、不要な部分を取り除いたり、大きさが異なる画像を統一したりすることができます。

元の画像

▶ トリミングの手順

▶ レポートに適当な画像を挿入する
▶ 画像をクリックして選択状態にする
▶ ［図の形式］タブの「トリミング」をクリックする
▶ 辺や隅に表示される黒い線にマウスカーソルを当ててドラッグする。切り抜きたい部分のみを残す。
▶ ESC を押して、トリミングモードを終了する

トリミングモードにする

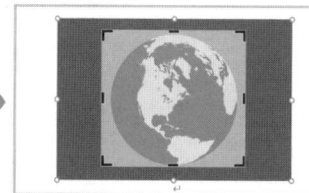
サイズを調整する

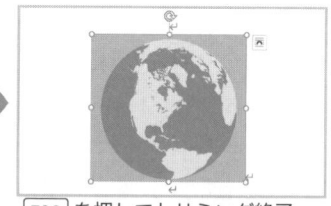
ESC を押してトリミング終了

比率を保って拡大・縮小する

▶ 画像の場合

引き伸ばしたり縮めたりして、画像の比率を変えてはいけません。比率を保ったまま拡大・縮小するには、四隅の白丸のいずれかをドラッグして動かします。上下左右の辺をドラッグすると歪んでしまうので注意が必要です。

 比率が変化して歪んでいる

 比率が保たれている

▶ 図形の場合

Wordの「図形」機能で作成した図形は、ドラッグすると比率が変わってしまいます。例えば、正方形を作成したときに、頂点の白丸印を動かすと比率が変化してしまいます。比率を変えたくないときは、 Shift を押しながら四隅の白丸印をドラッグします。正方形や正円を作成するときも、 Shift を押しながらドラッグします。

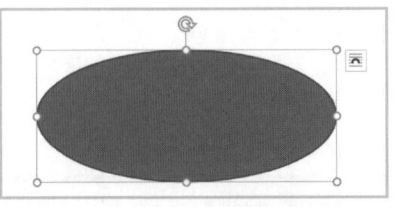

Shift を押さないと比率が崩れる

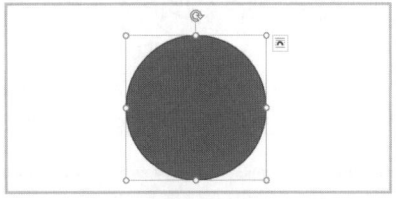

Shift を押せば比率が保たれる

背景を削除する

画像の不要な背景を削除して、必要な部分のみを取り出すことができます。

1. 画像を挿入する

背景が含まれる画像を挿入します。

2.「背景の削除」をクリックする

[図の形式] タブの「背景の削除」をクリックします。
背景として自動認識された箇所がピンク色で、保持する部分は通常の色で示されます。

3. 削除する場所を選択する

余分な部分が残っていれば「削除する領域としてマーク」をクリックして、背景を削除します。
誤って「背景である」と認識されている箇所は、「保持する領域のマーク」をクリックして、保持したい箇所をドラッグして塗ります。大雑把にドラッグすれば、周辺箇所は自動で認識されます。

不要な背景部分がピンク色で塗り潰された

4. 完成

適切に背景部分だけがピンク色に塗られたら「変更を保持」をクリックして、背景を削除します。
これで背景を削除できました。

第1章 レポートを書く前に
第2章 文献を探す・読む
第3章 快適な日本語入力
第4章 効率良く仕上げる
第5章 レポートの基本
第6章 ショートカットキー
第7章 数式
第8章 図
第9章 表
第10章 発展ワザ

05 図番号を設定しよう

 図を1つ追加したら、それ以降の番号が全部ズレた…。
番号を全て修正するのが大変だ…。

 Wordの機能を使って図番号を自動で付ければ、
面倒な操作が不要になりますよ！

初回の設定方法

図の番号付けは初回の設定が必要です。2回目以降は前回の設定が引き継がれるため細かく設定する必要はありません。

1. Wordで文書を開く

本書付録のレポートテンプレート 参照 p.87 を使用した文書を開きます。
新規作成しても構いません。

2. 章見出し番号を付ける

章見出しを設定します。
スタイルの「見出し1」をクリックして、適当な見出しを付けます。

3. 図を挿入する

適当な図を挿入します。

4. 図表番号を挿入する

▶ 図を右クリック
▶ 「図表番号の挿入」をクリック

5. 番号付けの設定をする

❶ 「ラベル」を「図」にする
❷ 「位置」を「選択した項目の下」にする
❸ 「番号付け…」をクリック
❹ 「章番号を含める」にチェックを入れる
❺ 区切り文字を「.（ピリオド）」に変更する
❻ OK をクリック
❼ OK をクリック

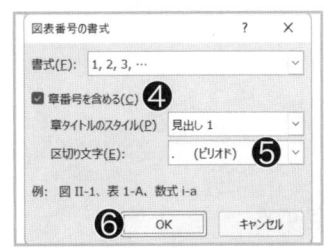

すると、「図 1.1」と表示されました。
このように図の番号を設定すれば、連番で番号
が正しく更新されます。

図の左端の黒い印は印刷されないので、心配不
要です。「ページの最下部に図が単独で残って
図タイトルと分離しそうなら、次のページに移
動する」という意味を表しています。

図 1.1

POINT

「Figure 1.1」にしたいときは

「図 1.1」ではなく「Figure」に変更したいときは、①「ラベル」横の⌄印をクリックして「Figure」を選択します。その一覧に無い場合は、図表番号設定画面左下の「ラベル名」をクリックして「Figure」と入力します。
稀に、ラベルの選択候補に「図」が出ないことがあります。そのときは、Word を再起動すると直ることが多いです。

6. 図のタイトルを記入する

図のタイトルを番号に続けて書きます。
図番号と図タイトルの間に全角スペースを入れるときれいに見えます。

図 1.1　子猫の画像

第1章 レポートを書く前に
第2章 文献を探す・読む
第3章 快適な日本語入力
第4章 効率良く仕上げる
第5章 レポートの基本
第6章 ショートカットキー
第7章 数式
第8章 図
第9章 表
第10章 発展ワザ

2回目以降の設定方法

前回の番号付けの設定が引き継がれるため、2回目以降の図番号を付けるのは簡単です。

1. 図を挿入する

適当な図を挿入します。

2. 番号を設定する

▶ 図を右クリック
▶ 「図表番号の挿入」をクリック
▶ OK

これで簡単に図の番号を設定できます。

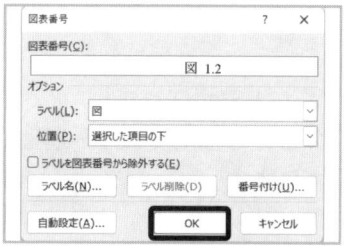

3. 完成

図のタイトルを入力すれば完成です。

図 1.2　犬の画像

！ 注　意

エラーが表示されるときは

「エラー！指定されたスタイルは使われていません。」と出てくることがあります。これは、「この文書には章番号が設定されていない」というメッセージです。
章見出しに「見出し1」のスタイルを指定して、次で解説する「フィールド更新」を実行すれば解消します。

図 エラー！指定したスタイルは使われていません。 .1　子猫の画像

番号を更新する

図を途中で挿入した場合も、基本的には番号は自動で正しく更新されます。
ただし、他の部分から図をコピー＆ペーストして番号を挿入したり、図番号を削除したりした場合には自動的には更新されません。番号を簡単に更新する方法を紹介します。

図番号が重複している

1. 更新部分を選択する

更新が必要な部分をドラッグで選択します。[Ctrl] + [A]（Mac の場合は [⌘] + [A]）で文書を全選択してもよいです。

2. 文書を更新する

選択した部分を右クリックして「フィールド更新」をクリックします。

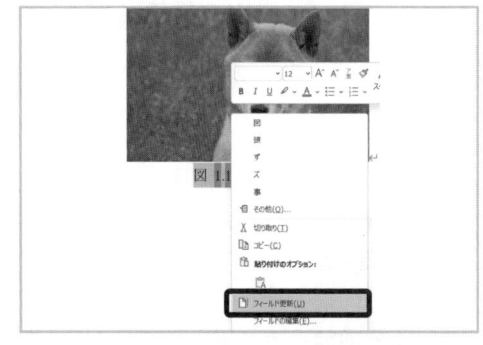

3. 完成

これで、番号が正しい連番に更新されました。

レポートを書く前に　第1章
文献を探す・読む　第2章
快適な日本語入力　第3章
効率良く仕上げる　第4章
レポートの基本　第5章
ショートカットキー　第6章
数式　第7章
図　第8章
表　第9章
発展ワザ　第10章

 「図 2.1 は、」のように図番号を相互参照したいな。

 Word の機能を使えば簡単に相互参照できますよ！

図番号を相互参照することで、番号を自動で連動できます。図を新たに追加しても、全部の番号が正しく更新されるため、非常に便利です。

相互参照の設定方法

1. 図を用意する

前節「図番号を設定しよう」 参照 p.166 で紹介した方法で図番号を付けた図を用意します。

2. 番号の挿入位置にカーソルを移動

本文で図番号を引用したい位置にカーソルを移動させます。

3. 相互参照する

[挿入] または [参考資料] タブ（Mac の場合は [参照設定] タブ）の「相互参照」で、相互参照を設定します。

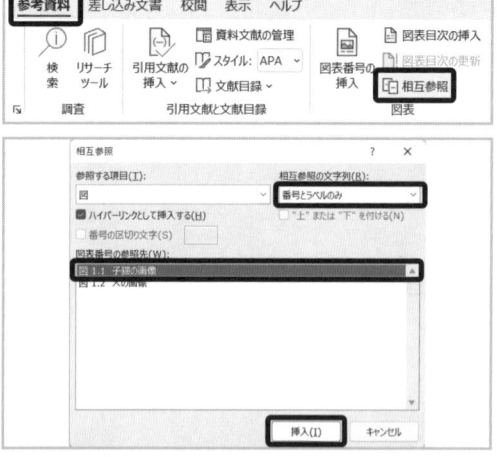

「参照する項目」で「図」を選択し、「相互参照の文字列」で「番号とラベルのみ」を選択します。
引用したい図の名称をクリックすると青くなります。

この状態で「挿入」をクリックします。
すると、「図 1.1」のように図番号が挿入されます。

番号を更新する

図を途中で新たに挿入した場合、引用した
番号がズレます。番号を更新して、正しい
連番にしましょう。更新方法は簡単です。

後から2つ目のうさぎの図を挿入したため、
相互参照の番号がズレてしまった。

1. 更新部分を選択する

更新が必要な部分をドラッグで選択します。
Ctrl + A （Mac の場合は ⌘ + A ）で文
書を全選択してもよいです。

2. 文書を更新する

選択した部分を右クリックして「フィールド
更新」をクリックします。

3. 更新完了

引用した番号が正しい連番になっていること
が確認できます。

第1章 レポートを書く前に
第2章 文献を探す・読む
第3章 快適な日本語入力
第4章 効率良く仕上げる
第5章 レポートの基本
第6章 ショートカットキー
第7章 数式
第8章 図
第9章 表
第10章 発展ワザ

07 PC画面のスクショを撮影しよう

 パソコン画面のスクリーンショットを撮影したいのだけど、どうすればいいだろう？

 Windows でも Mac でも
画面のスクリーンショットを簡単に撮影できますよ！

Windowsの場合

⊞ + Shift + S でスクリーンショットモードが起動し、画面全体がやや暗くなります。

❶ 四角形にドラッグした領域
❷ 自由にドラッグした領域
❸ クリックしたウィンドウ全体
❹ PC 画面全体

スクショ撮影を中止するときは、

❺ の×印をクリックするか、キーボードの ESC キーを押します。

例えば、①のモードは、画面を斜め方向にドラッグすると四角形に明るくなります。ドラッグを離すと、画面が元に戻ります。このとき、指定した領域のスクリーンショットがコピーされた状態になります。

Word に Ctrl + V で貼り付ければ、スクリーンショット画像が挿入されます。

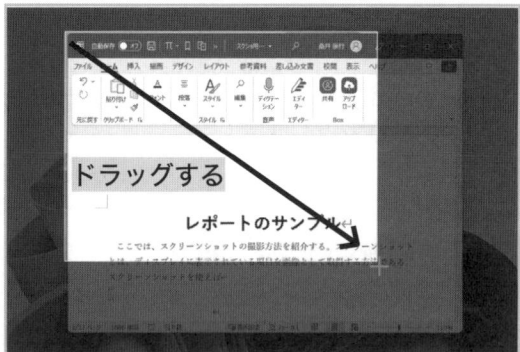

Macの場合

Mac も画面のスクリーンショットを撮影できます。

Shift + ⌘ + 3 で、画面全体
Shift + ⌘ + 4 で、ドラッグして画面の一部の撮影
Shift + ⌘ + 4 → Space で、ウィンドウ全体

撮影したスクリーンショットは、「スクリーンショット 2025-06-01 14.30.55.png」のように日付と時刻のファイル名でデスクトップ画面に保存されます。
スクリーンショットをデスクトップには保存せず、クリップボードにコピーしたい場合は control を押しながら撮影します。

第9章

表

01 表の基本を学ぼう　　　　　　　　　174

02 表の罫線を自動設定しよう　　　　　176

03 表がページをまたがない　　　　　　178

04 表の幅を調整しよう　　　　　　　　180

05 表の数値を小数点で揃えよう　　　　182

06 表番号を設定しよう　　　　　　　　184

07 表番号を相互参照しよう　　　　　　186

01 表の基本を学ぼう

 実験結果の数値を表にしたいな！ 表はどう作るんだっけ？

 まずは、表の基本を学習しましょう！

表のスタイル

▶ タイトルは、表の上部に

表のタイトルは、表の上部に書きます。
図と表はタイトルの位置が異なるので、注意しましょう。

▶ 表の罫線は、なるべくシンプルに

表の罫線は必要最低限に減らすことが推奨されます。基本的に、縦の罫線は使いません。
横の罫線は、最初の行の上と下、最後の行の下の合計 3 本のみに設定するとよいです。
罫線が少ない方がすっきりと見やすくなります。Word なら罫線を自動で設定できる
参照 p.176 ので、煩わしい操作は不要です。

表 1.1　主な金属の元素記号と密度

和名	元素記号	密度 /g·cm⁻³
金	Au	19.3
銀	Ag	10.5
銅	Cu	8.96
鉄	Fe	7.87

○ 適切な表の罫線

表 1.2　主な金属の元素記号と密度

和名	元素記号	密度 /g·cm⁻³
金	Au	19.3
銀	Ag	10.5
銅	Cu	8.96
鉄	Fe	7.87

✕ 罫線が多すぎる

▶ 表の中身の文字削除と、セル自体の削除

表の中身の文字列を削除するときには、削除したい部分をドラッグで選択状態にして Delete を押します。

セル自体を削除したり、表自体を削除したりするときには、削除したい部分をドラッグで選択状態にして BackSpace を押します。

この違いを理解しておくと、表を使い回すときに便利です。

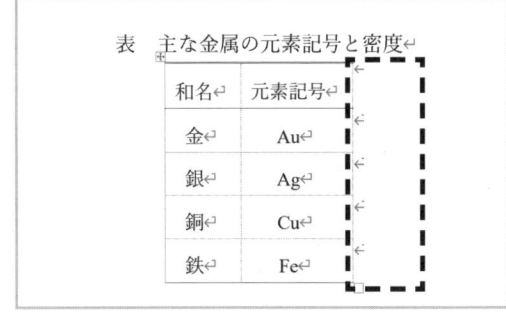

表　主な金属の元素記号と密度		
和名	元素記号	密度 /g·cm⁻³
金	Au	19.3
銀	Ag	10.5
銅	Cu	8.96
鉄	Fe	7.87

Delete で「文字列のみ」を削除

表　主な金属の元素記号と密度		
和名	元素記号	
金	Au	
銀	Ag	
銅	Cu	
鉄	Fe	

BackSpace で「表のセル自体」を削除

表　主な金属の元素記号と密度	
和名	元素記号
金	Au
銀	Ag
銅	Cu
鉄	Fe

👉 POINT

表は Word で作る？ Excel で作る？

Word も Excel も表作成機能があります。どちらで表を作成すべきでしょうか？
人により好みは分かれますが、筆者は「計算は Excel、見た目を整えるのは Word」という使い分けをします。

Excel では瞬時に数値を計算することが強みです。しかし、罫線を自動で引いたり上付き文字・下付き文字を表示したりするのがあまり便利ではありません。

一方で Word は見た目を整える機能が充実しています。罫線を自動で設定したり、Excel からコピー＆ペーストした値を見やすく整えたりできます。そのため Excel で計算を済ませたら Word にコピー＆ペーストして見た目を整えると、美しい表を素早く作成できます。

Excel から Word にコピー＆ペーストするときに、「貼り付け先のスタイルを使用」を選択しましょう。「図として貼り付け」を選んでしまうと、値を後から編集することができなくなります。また、「リンク（貼り付け先のスタイルを使用）」を選ぶと、元の Excel ファイルの数値が自動的に反映されますが、ファイルの場所を変更すると、参照できなくなってしまいます。基本的には、リンク無しの「貼り付け先のスタイルを使用」を選ぶことをおすすめします。

第1章 レポートを書く前に
第2章 文献を探す・読む
第3章 快適な日本語入力
第4章 効率良く仕上げる
第5章 レポートの基本
第6章 ショートカットキー
第7章 数式
第8章 図
第9章 表
第10章 発展ワザ

02 表の罫線を自動設定しよう

 「表の罫線は少なくシンプルに」って指定されたけど、設定がとっても面倒だな…。

 表の罫線は自動で簡単に設定できますよ！

自動で設定できる表のスタイル

「レポートの表は最低限の横罫線のみ」と指定されていることが多いです。ここでは、表の罫線を簡単に自動設定する方法を紹介します。

Word の初期設定では、全ての枠線が格子状に設定されてしまいます。1 箇所ずつ罫線を削除するのは非常に面倒です。

本書付録のテンプレートでは次の 3 種類の罫線スタイルを設定済みです。大学から指示された表のスタイルを選んでください。

もし当てはまるものがなければ、「表の罫線スタイルを自力で設定しよう」 参照 p.205 で自力で設定する方法を紹介しています。

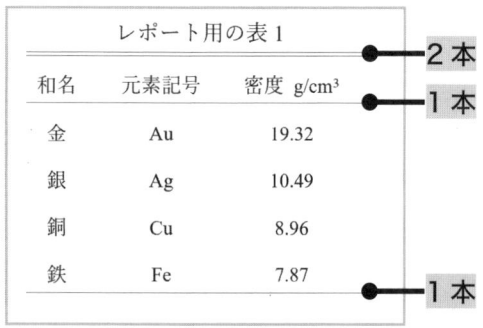

レポート用の表 1

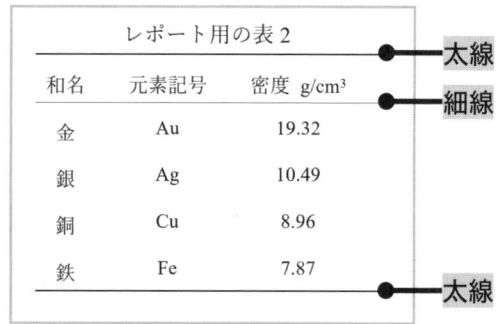

レポート用の表 2

レポート用の表 3		
和名	元素記号	密度 g/cm³
金	Au	19.32
銀	Ag	10.49
銅	Cu	8.96
鉄	Fe	7.87

レポート用の表 3

1. 文書を作成する

本書付録の**レポートテンプレート** 参照 p.87 で文書を作成してください。

2. 表を作成する

[挿入] タブ「表」から、適当な大きさの表
を作成します。

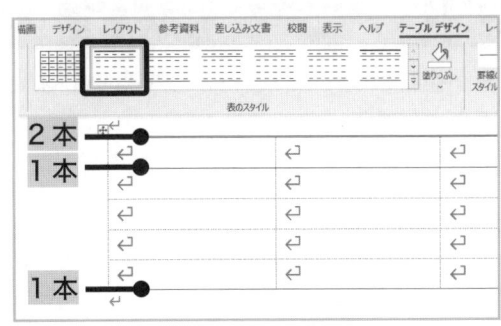

3. 表の罫線を設定する

▶ （表内にマウスカーソルを置く）
▶ [テーブルデザイン] タブ
▶ 「表のスタイル」内の「レポート用の表1」
　 をクリック（自分のレポートに適した表
　 スタイルを選択してください）

すると、表の罫線が反映されます。

4. テーブルデザインを既定に設定する
（初回のみ）

表を作成したときに、罫線が自動で設定さ
れるように設定します。

▶ （表内にマウスカーソルを置く）
▶ [テーブルデザイン] タブ
▶ 「表のスタイル」内の「レポート用の表1」
　 を右クリック
▶ 「既定に設定」をクリック

メッセージが表示されたら、
「レポートテンプレート .dotx テンプレート
を使用したすべての文書」を選択して「OK」
をクリックします。

これで、新しい表を作成すると、自動的に
罫線が設定されるようになりました。

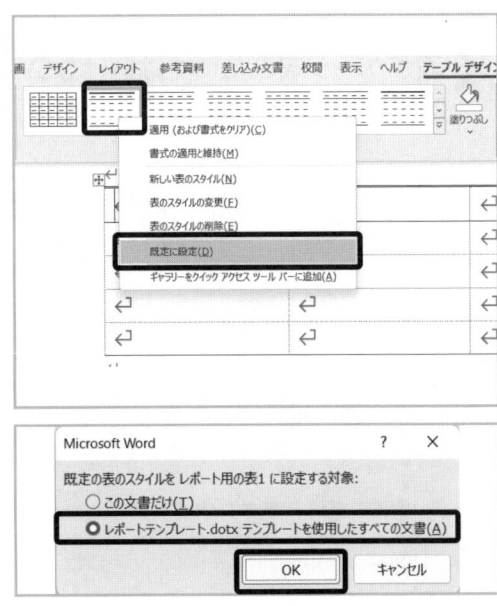

03 表がページをまたがない

「表がページをまたがないように」って指定されたけれど、文を加筆したら表の位置が変わって、ページをまたぐようになっちゃった…。

表が自動的にページをまたがないようにする方法がありますよ！

Enterキーを連打してはいけない

表が複数のページにまたがってはいけません。必ず1つの表が1つのページ内に収まるようにしましょう。

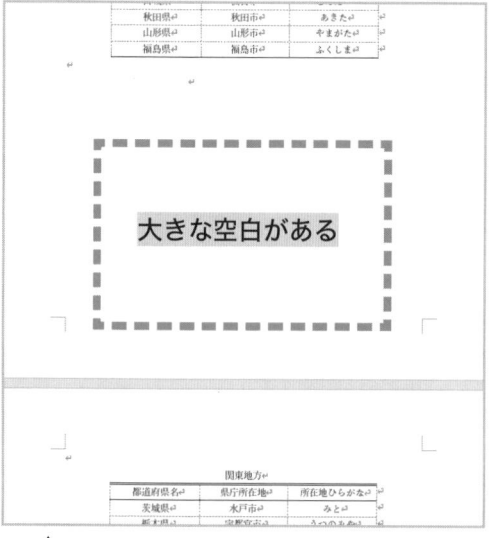

✗ 表がページをまたいではいけない

ただし、表がページをまたがないようにするために、Enter キーを連打してはいけません。表より前の文を追記・削除したときに、表の位置がズレてしまうからです。毎度手動で修正していると手間がかかります。また、改ページ 参照 p.102 を使用すると、ページの下が空きすぎてしまう可能性があります。

「表が前のページに収まるなら1ページに入れる」という柔軟な対応ができるように設定しましょう。

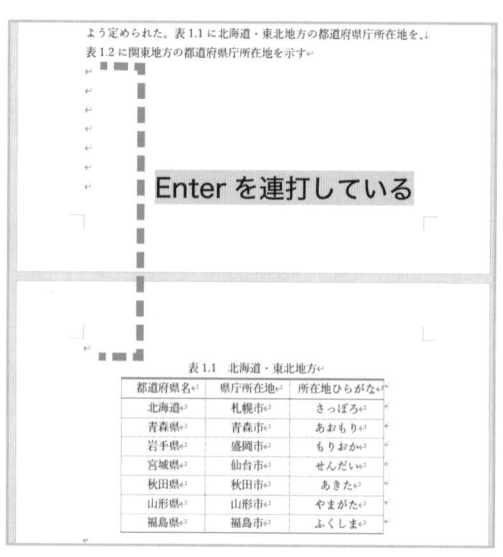

△ 改ページは空白が広すぎる ✗ Enter を連打すると、調整が大変

表がページをまたがない設定方法

1. 表を用意する

既存の表があれば、それで構いません。

2. 表タイトルと表全体をドラッグで選択

表タイトルの左上から表の右下までをドラッグ
して、選択状態にします。

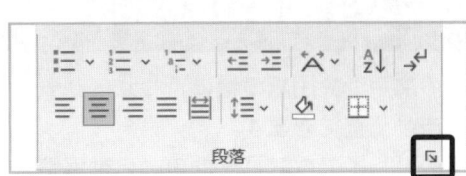

3.「段落を分離しない」設定

▶ ホームタブ「段落」の詳細設定右下矢印 ↘
▶ 「改ページと改行」タブ
▶ 「次の段落と分離しない」にチェックを入れる
▶ OK

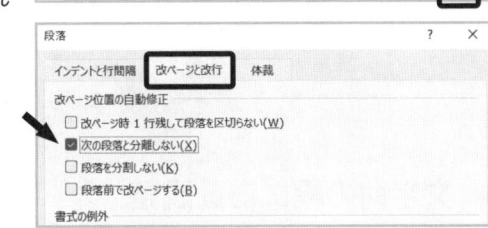

表タイトルや表の各行の左端に黒い四角の印が
付けば設定完了です。
黒い印は印刷されないので、心配不要です。

▶ 試してみる

表の上側に行を追加してみましょう。
表の最下行がページの最下部に差し掛かるときに、表全体が一気に次ページに移動します。

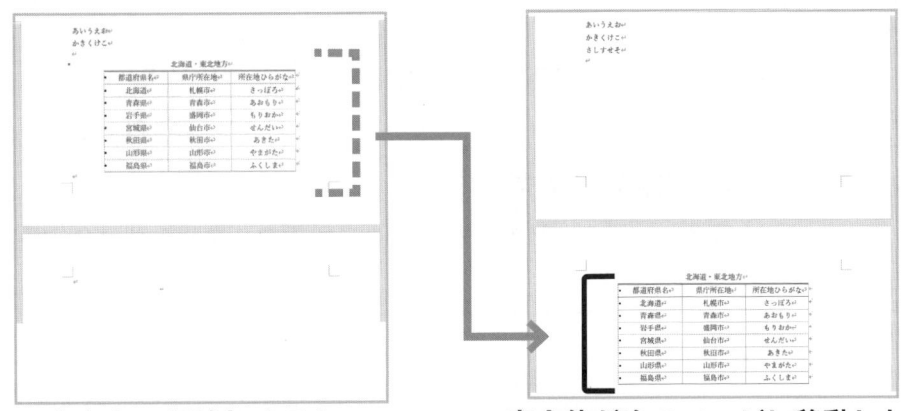

本文を1行追加すると…　　　　　　表全体が次のページに移動した

第1章 レポートを書く前に

第2章 文献を探す・読む

第3章 快適な日本語入力

第4章 効率良く仕上げる

第5章 レポートの基本

第6章 ショートカットキー

第7章 数式

第8章 図

第9章 表

第10章 発展ワザ

04 表の幅を調整しよう

 表のセルの幅がバラバラになっちゃった…。きれいに揃えたいなぁ。

 Word の自動調整機能を使えば、表をきれいに整えられますよ！

表の自動調整機能を使う

表の文字量や用紙の幅に合わせて、表のセルの幅
を自動調整できます。
表の［レイアウト］タブの「自動調整」について
紹介します。

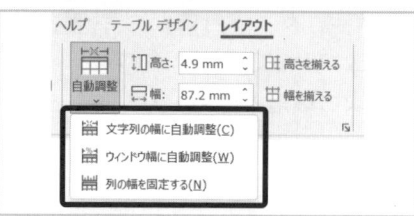

▶ 文字列の幅に自動調整

表内の文字列の量に合わせてなるべく狭くなるようにセルの幅を調整する機能です。表を
コンパクトにまとめたいときに便利です。

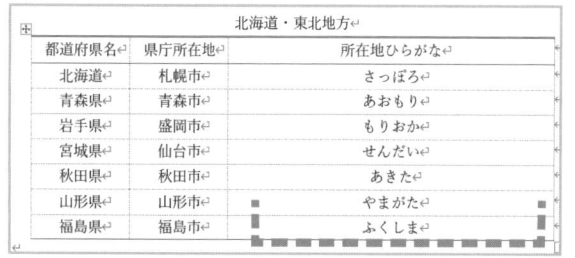

セルの幅が広がってしまっているが、
「文字列の幅に自動調整」をクリックすると…

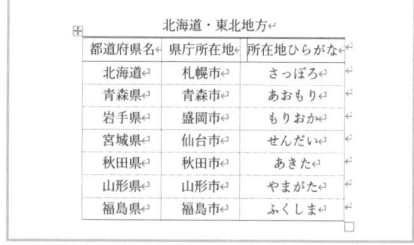

文字列の幅に合わせて、コンパクトになった

 POINT

ダブルクリックでも自動調整できる

セルに余白がある場合、セルの右側を左右矢印╫の状態でダブルクリックすると、
セルの幅が自動で調整されます。

▶ ウィンドウ幅に自動調整

表全体の幅が、用紙の幅に一致するように
セルの幅を調整する機能です。表の余白を
広くしたいときに使います。

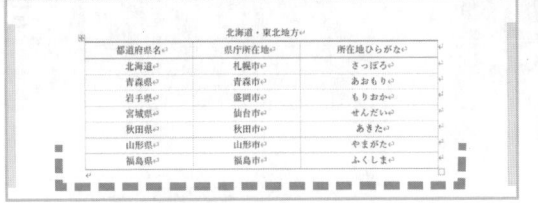

用紙の幅全体を使い、広くなる

▶ 列の幅を固定する

文字を追記してもセルの幅が変化しなくな
る機能です。セルの幅まで文字が到達する
と、セル内で改行されて2行になります。
列の幅を固定することで、固定したレイア
ウトで表を作成できます。

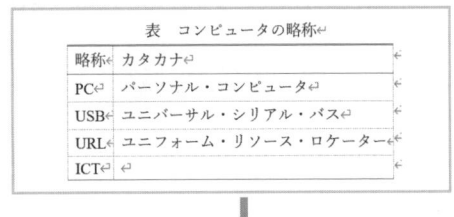

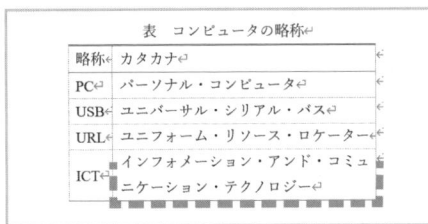

固定しないと、横に広がる　　　**固定すると、列の幅が変化しない**

高さや幅を数値で指定する

セルの高さや幅を数値で指定することもできます。数値で指定すると、均等に揃えること
ができるため便利です。
セルをドラッグで選択し、「高さを揃える」をクリックするか、「高さ」に「10 mm」と
入力すると、高さを統一することができます。

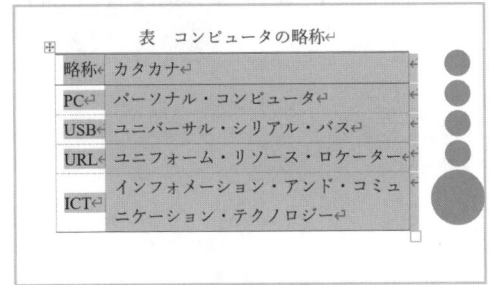

**セルの高さが不揃いだが、
「高さを揃える」をクリックすれば…**

セルの高さが揃った

第1章 レポートを書く前に
第2章 文献を探す・読む
第3章 快適な日本語入力
第4章 効率良く仕上げる
第5章 レポートの基本
第6章 ショートカットキー
第7章 数式
第8章 図
第9章 表
第10章 発展ワザ

05 表の数値を小数点で揃えよう

「表の数値を小数点で揃えて」と言われたけど、どうやって揃えるんだろう？

タブ設定で表の小数点で揃える機能を活用しましょう！

表の数値は小数点で縦方向に揃えると美しくなります。小数点で揃うように設定しましょう。

1. 小数点が含まれる表を作成する

Word で小数点が含まれる表を作成します。今回の例ではわかりやすいように、あえて有効数字を無視しています。
各セルの内部は全て中央揃えにしています。

表　都道府県の人口・面積・人口密度		
	人口　（千人）	面積　（km²）
東京都	14,047.59	2,194.13
北海道	5,224.614	78,420.12
福岡県	5,135.21	4,986.52
岩手県	1,210.53	15,275.03
香川県	950.244	1,876.79

2. 数値を左揃えにする

数値が含まれるセルを左揃えにします。中央揃えのままだと小数点の位置が縦に揃わないことがあるためです。
数値のセルをドラッグし、表の「レイアウト」タブから「中央揃え（左）」を選択します。ショートカットキーで Ctrl + L （Mac の場合は ⌘ + L ）で設定することもできます。

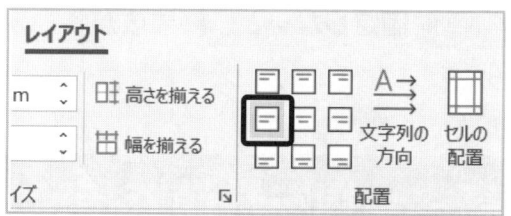

表　都道府県の人口・面積・人口密度		
	人口　（千人）	面積　（km²）
東京都	14,047.59	2,194.13
北海道	5,224.614	78,420.12
福岡県	5,135.21	4,986.52
岩手県	1,210.53	15,275.03
香川県	950.244	1,876.79

3. 揃えたい数値の列を選択する

数値の列を縦方向にドラッグして選択します。

4. タブを設定する

Alt → O → T でタブ設定を開きます（Macの場合はメニューバー「フォーマット」→「タブとリーダー」）。

このとき、「タブ位置」に揃えたい数値の最大桁数を入力してください。最大桁数とは整数部分の桁数を表しており、例えば「299792.458」なら6桁です。

この画像の例では東京都の人口が最も多く、最大桁数が5なので、「5」をタブ位置に入力します（単位の「字」は入力しなくても、自動で補完されます）。

「OK」をクリックすれば、小数点が縦方向に揃います。

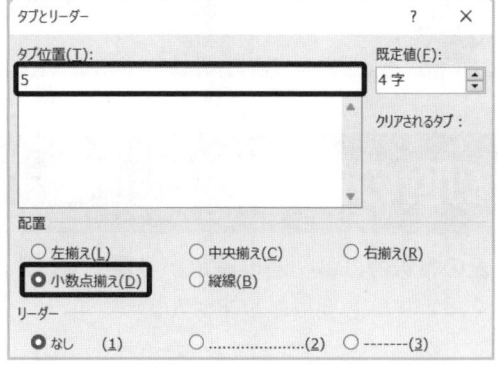

5. 完成

同様に、面積の列も設定すれば、小数点の位置が揃います。

小数点位置が縦方向に揃った

第1章 レポートを書く前に
第2章 文献を探す・読む
第3章 快適な日本語入力
第4章 効率良く仕上げる
第5章 レポートの基本
第6章 ショートカットキー
第7章 数式
第8章 図
第9章 表
第10章 発展ワザ

06 表番号を設定しよう

 表の番号を手動で変更するのは面倒だなぁ…。

 表も図と同様に番号設定機能を使いましょう！

初回の設定方法

表の番号付けは初回の設定が必要です。2回目以降は前回の設定が引き継がれるため細かく設定する必要はありません。

1. Word で文書を開く

本書付録のレポートテンプレート 参照 p.87 を使用した文書を開きます。
新規作成しても構いません。

2. 章見出し番号を付ける

章見出しを設定します。
スタイルの「見出し1」をクリックして、適当な見出しを付けます。

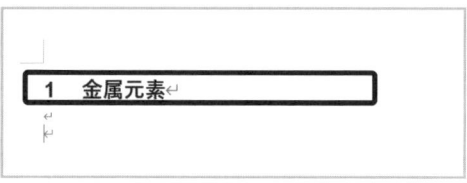

3. 表を作成する

[挿入] タブから、表を作成します。適当な大きさで構いません。
レポートに適した罫線を設定するには、[テーブルデザイン] タブの「表のスタイル」で「レポート用の表1」等を選択してください 参照 p.176 。

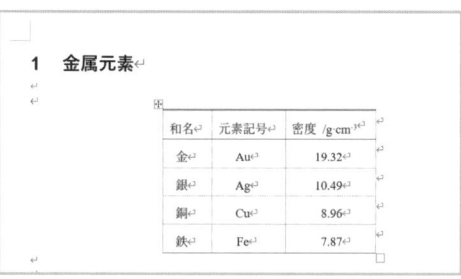

4. 図表番号を挿入する

▶ 表の左上の十字矢印 ✛ を右クリック
▶ 「図表番号の挿入」をクリック

5. 番号付けの設定をする

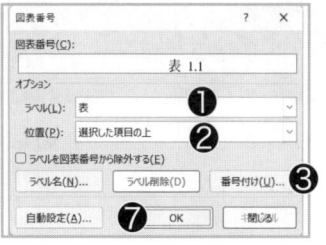

❶「ラベル」を「表」にする
❷「位置」を「選択した項目の上」にする
❸「番号付け…」をクリック
❹「章番号を含める」にチェックを入れる
❺区切り文字を「.（ピリオド）」に変更する
❻ OK をクリック
❼ OK をクリック

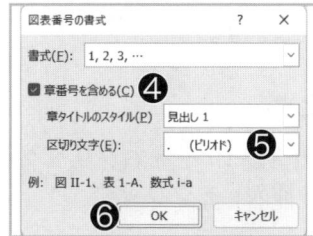

すると、「表 1.1」と表示されました。
このように表の番号を設定すれば、連番で番号が正しく更新されます。

表番号の左端の黒い印は印刷されないので、心配不要です。「ページの最下部に表のタイトル行が単独で残って表と分離しそうなら、次のページに移動する」という意味を表しています。

POINT

「Table 1.1」にしたいときは

「表 1.1」ではなく「Table」に変更したいときは、❶「ラベル」横の☑印をクリックして「Table」を選択します。その一覧に無い場合は、図表番号設定画面左下の「ラベル名」をクリックして「Table」と入力します。
稀に、ラベルの選択候補に「表」が出ないことがあります。そのときは、Word を再起動すると直ることが多いです。

6. 表のタイトルを記入する

表のタイトルを番号に続けて書きます。
表番号と表タイトルの間に全角スペースを入れるときれいに見えます。

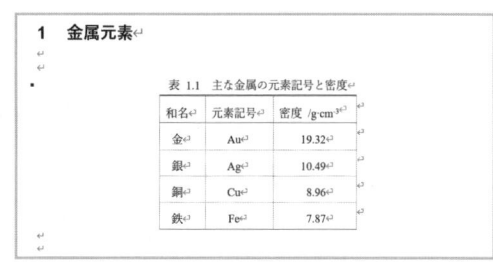

レポートを書く前に 第1章
文献を探す読む 第2章
快適な日本語入力 第3章
効率良く仕上げる 第4章
レポートの基本 第5章
ショートカットキー 第6章
数式 第7章
図 第8章
表 第9章
発展ワザ 第10章

2回目以降の設定方法

前回の番号付けの設定が引き継がれるため、2回目以降の表番号を付けるのは簡単です。

1. 表を作成する

適当な表を作成します。

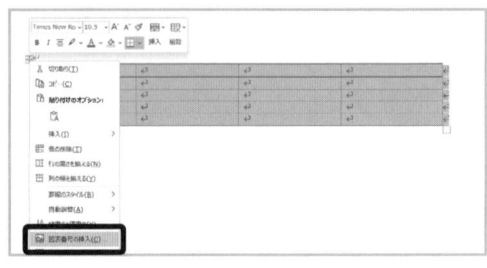

2. 番号を設定する

▶ 表の左上の十字矢印 を右クリック
▶ 「図表番号の挿入」をクリック
▶ OK

これで簡単に表の番号を設定できます。

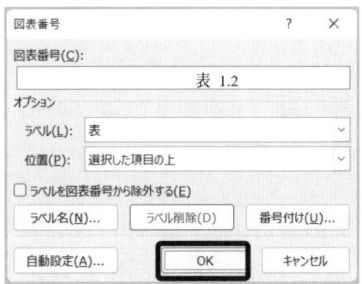

3. 完成

表のタイトルを入力すれば完成です。

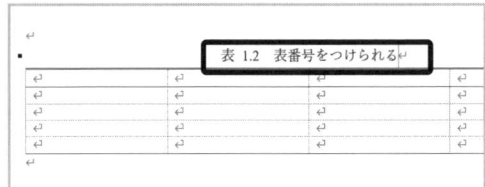

⚠ 注 意

エラーが表示されるときは

「エラー！指定されたスタイルは使われていません。」と出てくることがあります。これは、「この文書には章番号が設定されていない」というメッセージです。
章見出しに「見出し1」のスタイルを指定して、次で解説する「フィールド更新」を実行すれば解消します。

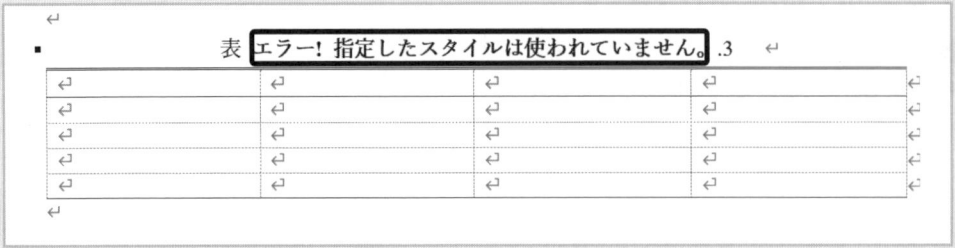

番号を更新する

表を途中で挿入した場合も、基本的には**番号は自動で正しく更新されます**。
ただし、他の部分から表をコピー＆ペーストして番号を挿入したり、表番号を削除したりした場合には自動的には更新されません。番号を簡単に更新する方法を紹介します。

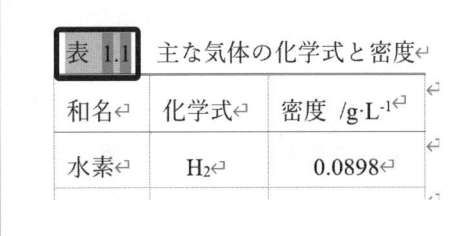

表番号が重複している

1. 更新部分を選択する

更新が必要な部分をドラッグで選択します。
Ctrl + A （Mac の場合は ⌘ + A ）で文書を全選択してもよいです。

2. 文書を更新する

選択した部分を右クリックして「フィールド更新」をクリックします。

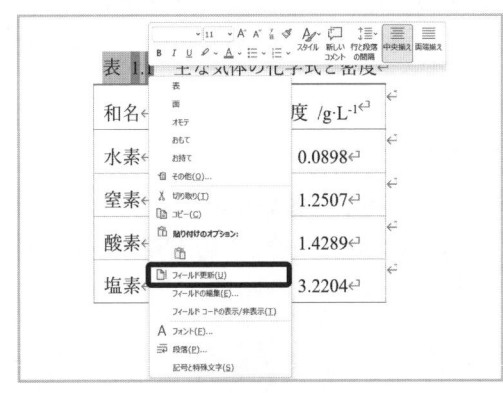

3. 完成

これで、番号が正しい連番に更新されました。

レポートを書く前に 第1章
文献を探す読む 第2章
快適な日本語入力 第3章
効率良く仕上げる 第4章
レポートの基本 第5章
ショートカットキー 第6章
数式 第7章
図 第8章
表 第9章
発展ワザ 第10章

07 表番号を相互参照しよう

「表 2.1 は、」のように、表番号を相互参照したいな。

表も図と同様に相互参照できますよ！

表番号を正しく相互参照することで、番号を自動で連動できます。
全体の流れは**「図番号を相互参照しよう」** 参照 p.170 と同じです。

相互参照の設定方法

1. 表を作成する

前節**「表番号を設定しよう」** 参照 p.184 で
紹介した方法で表番号を付けた表を作成し
ます。

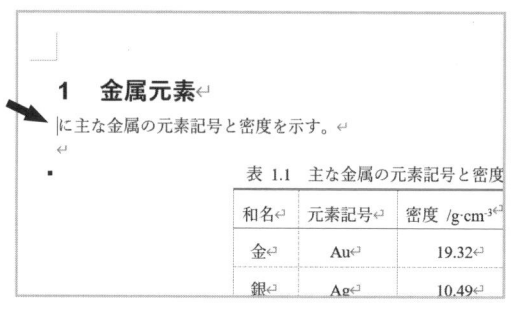

2. 番号の挿入位置にカーソルを移動

本文で表番号を引用したい位置にカーソル
を移動させます。

3. 相互参照する

［挿入］または［参考資料］タブ（Mac の
場合は［参照設定］タブ）の「相互参照」で、
相互参照を設定します。

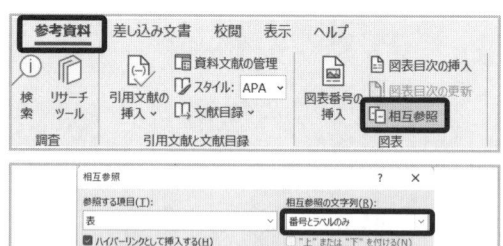

「参照する項目」で「表」を選択し、「相互
参照の文字列」で「番号とラベルのみ」を
選択します。
引用したい表の名称をクリックすると青く
なります。

この状態で「挿入」をクリックします。す
ると、「表 1.1」のように表番号が挿入さ
れます。

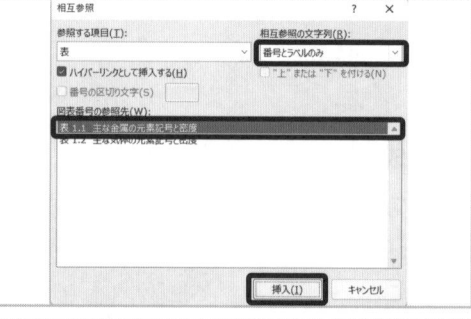

番号を更新する

表を途中で新たに挿入した場合、引用した番号がズレます。番号を更新して、正しい連番にしましょう。更新方法は簡単です。

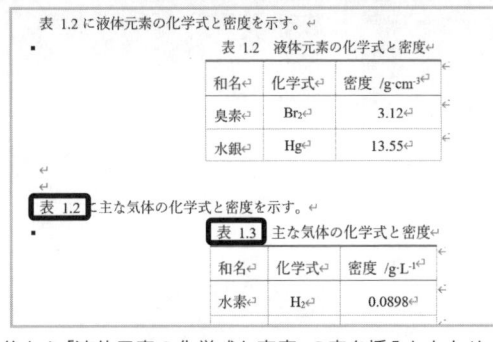

後から「液体元素の化学式と密度」の表を挿入したため、相互参照の番号がズレている。

1. 更新部分を選択する

更新が必要な部分をドラッグで選択します。
Ctrl + A （Mac の場合は ⌘ + A ） で文書を全選択してもよいです。

2. 文書を更新する

選択した部分を右クリックして「フィールド更新」をクリックします。

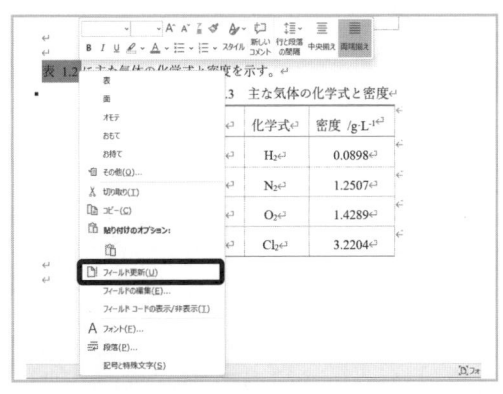

3. 更新完了

引用した番号が正しい連番になっていることが確認できます。

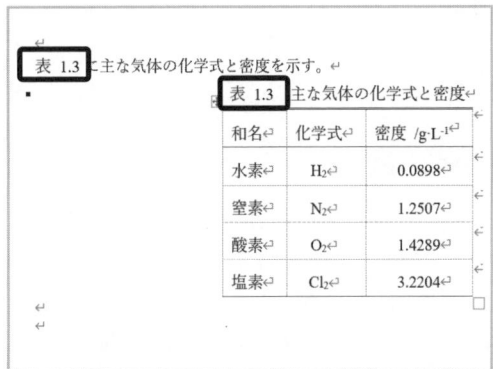

レポートを書く前に　第1章

文献を探す・読む　第2章

快適な日本語入力　第3章

効率良く仕上げる　第4章

レポートの基本　第5章

ショートカットキー　第6章

数式　第7章

図　第8章

表　第9章

発展ワザ　第10章

第10章

より便利な
発展ワザ

01 タブ機能で位置をビシッと決めよう   192

02 インデントと字下げ・ぶら下げを理解しよう   195

03 用紙の向きを一部分だけ変更しよう   198

04 カーソル移動・文字列の選択   199

05 複数ファイルに分割して執筆しよう   201

06 表の罫線スタイルを自力で設定しよう   205

01 タブ機能で位置をビシッと決めよう

 空間を作りたいから、Space を連打しようっと。

 Space で見た目を整えるのはやめましょう！
タブ機能を活用すれば、美しく揃えられます。

Spaceキーを連打してはいけない

見た目を整えるために Space を連打すると、レイアウトが崩れやすく、他の文字を追加するとズレてしまいます。

タブとは文字の位置を揃える機能です。タブを使いこなせば、見た目も機能も優れた文書を作成できます。

```
一二三四五六七八九
日時：  1月1日
参加費：  500円
集合場所：  東京駅
時刻：  13:00
```

✕ Space を連打すると、縦が揃わない

```
一二三四五六七八九
日時  →  1月1日
参加費→500円
場所  →  東京駅
時刻  →  13:00
```

◯ タブを使えば縦がきれいに揃う

基本的な使い方

空間を空けたい場所で Tab を押すと、右側の文字が移動します。**編集記号を表示する** 参照 p.81 と、タブは「→」で可視化されます。

タブは一定の大きさの空間が生じるのではなく、文書の左端からの距離が一定になるように空間が作られます。

Word の初期設定では、4の倍数の文字数ごとに揃います。

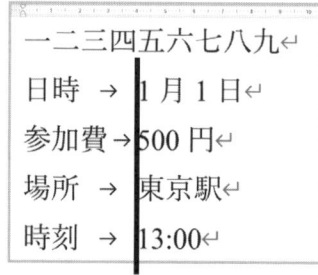

4の倍数で縦方向に
揃っていることがわかる

タブ間隔の調整方法

タブの間隔は 4 の倍数だけでなく、任意の位置に指定できます。

▶ タブ設定から数値で指定する

1. 該当領域を選択する

調整したいタブを含む段落をドラッグで選択します。

```
一二三四五六七八九↵
日時  →  1月1日↵
参加費→500円↵
場所  →  東京駅↵
時刻  →  13:00↵
```

2. タブ設定を変更する

▶ Alt + O + T でタブ設定を開く（Mac の場合はメニューバー「フォーマット」→「タブとリーダー」）

▶「タブ位置」に「6 字」のように左端からの距離の基準となる文字数を入力する

▶「設定」をクリックする

▶ OK

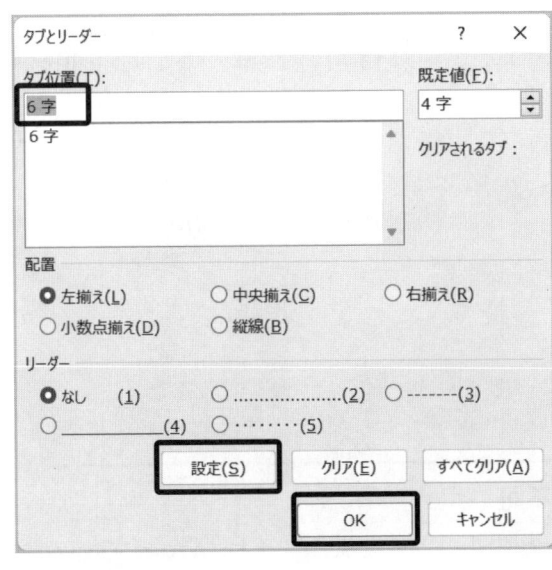

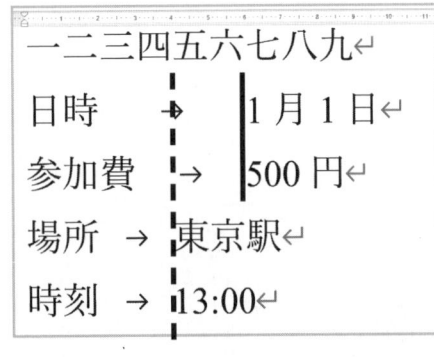

タブの間隔が変化し、6 の倍数に指定されます。

第1章 レポートを書く前に
第2章 文献を探す・読む
第3章 快適な日本語入力
第4章 効率良く仕上げる
第5章 レポートの基本
第6章 ショートカットキー
第7章 数式
第8章 図
第9章 表
第10章 発展ワザ

▶ ルーラーを使う

ルーラーでもタブ位置を指定できます。ルーラーとは、定規のような目盛りの付いた表示のことです。表示される数字は、左端からの文字数を表しています。

1. ルーラーを表示する

▶ ［表示］タブ
▶ 「ルーラー」にチェックを入れる

これで、ルーラーが表示されます。

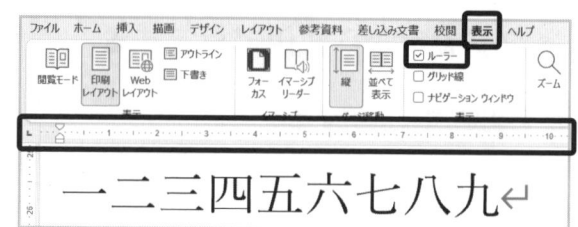

2. 該当領域を選択する

調整したいタブを含む段落をドラッグで選択します。

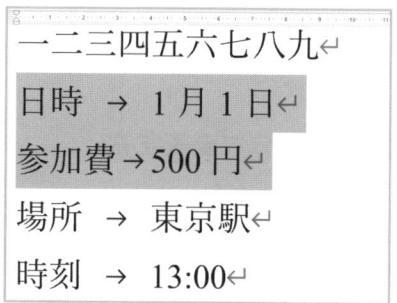

3. ルーラーのタブ位置を動かす

ルーラーの数値をクリックすると、L字のマークが付いて、タブ位置を変更できます。

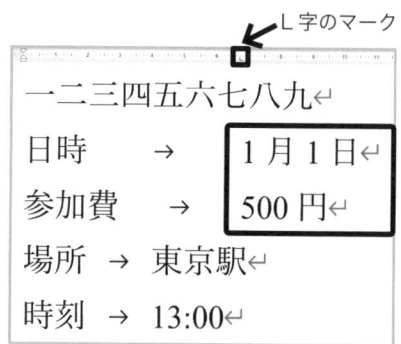

L字のマーク

 注 意

Google 日本語入力でルーラーは使用不可

Windows の Google 日本語入力で、Word のルーラーを操作すると、Word で文字の入力が一切できなくなることがあるというバグがあります。

その場合、Word ファイルをすべて閉じて再起動することで、入力できるようになります。

Windows で Google 日本語入力を使用している場合は、ルーラーをドラッグ操作せず、タブ設定メニューから操作しましょう。

02 インデントと字下げ・ぶら下げを理解しよう

段落設定の「ぶら下げ」って、何かよくわからないな…。

「インデント」「字下げ」「ぶら下げ」を理解すれば、
文字を揃えるのが簡単になります！

インデント

インデントは、用紙の余白から段落全体の端の文字までの距離を表します。標準ではインデントは0字に設定されています。インデントの大きさを調整するには、調整したい段落にカーソルを置くか、複数段落をドラッグで選択した状態で操作しましょう。

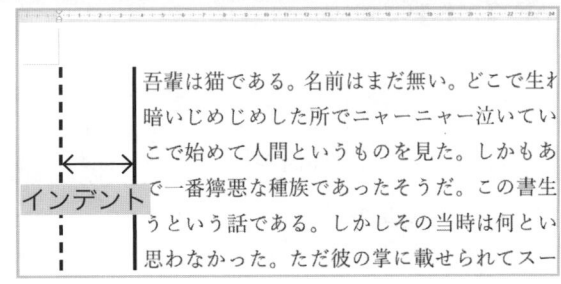

▶ インデントボタンを押す

[ホーム] タブ「段落」の「インデントを増やす / 減らす」ボタンでインデントの量を調整します。1文字単位でインデントを調整できます。

Ctrl + M でインデントを増やし、Ctrl + Shift + M でインデントを減らせます（Macの場合は control + Shift + M でインデントを増やし、⌘ + Shift + M でインデントを減らせます）。

▶ 文字数を指定する

▶ [ホーム] タブ「段落」の詳細設定右下矢印 ⌐ （Mac の場合はメニューバー「フォーマット」→「段落…」）
▶ インデントの「左」に「4字」のように設定したい文字数を入力する

インデントの幅は、「5 mm」のように長さや「−3 字」のように負の値でも設定できます。

▶ ルーラーを使用する

前節で紹介したルーラーを使用して、インデントを調整できます。
ルーラーを拡大すると、次のような印があります。

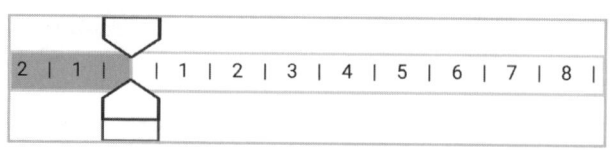

上部の五角形　１行目のインデント
下部の五角形　２行目以降のインデント
下部の四角形　全体インデントの連動操作

これらのルーラーをドラッグすることで、インデントの位置を変更できます。
Windows の Google 日本語入力では、ルーラーを操作すると文字が入力できなくなるため注意が必要です 参照 p.194 。

字下げ

字下げは、段落の２行目以降と比べて、**１行目を右にどれだけ移動するか**を表します。
レポートでは、各段落を１字分字下げすることが一般的です。

▶ 字下げの調整方法

▶ ［ホーム］タブ「段落」の詳細設定右下矢印 ⬂（Mac の場合はメニューバー「フォーマット」→「段落…」）
▶ 最初の行で「字下げ」を選択する
▶ 幅に「１字」や「５ mm」のように指定する

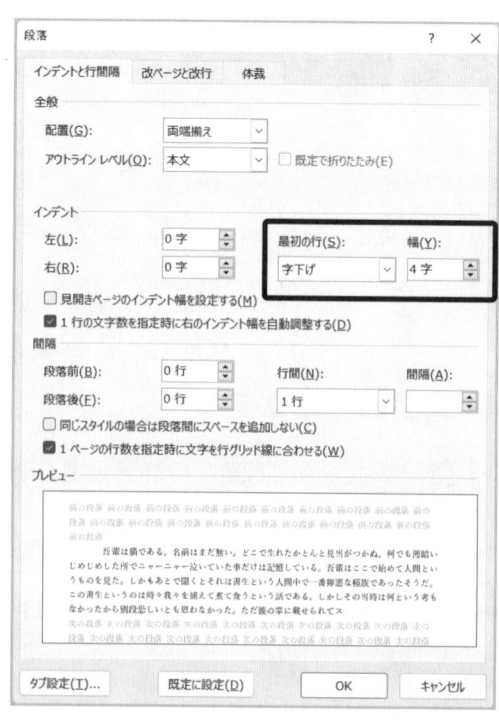

ぶら下げ

ぶら下げは、段落の1行目と比べて、2行目以降を**右にどれだけ移動するか**を表します。

吾輩は猫である。名前はまだ無い。どこで生れたかとんと
→じめした所でニャーニャー泣いていた事だけは
ぶら下げ て人間というものを見た。しかもあとで聞くと
悪な種族であったそうだ。この書生というのは
話である。しかしその当時は何という考もなか
った。ただ彼の掌に載せられてスーと持ち上げ

箇条書きでは、行頭文字をぶら下げ処理しています。

▶ ぶら下げの調整方法

▶ [ホーム]タブ「段落」の詳細設定右下矢印 ⤥ (Macの場合はメニューバー「フォーマット」→「段落…」)
▶ 最初の行で「ぶら下げ」を選択する
▶ 幅に「1字」や「5mm」のように指定する

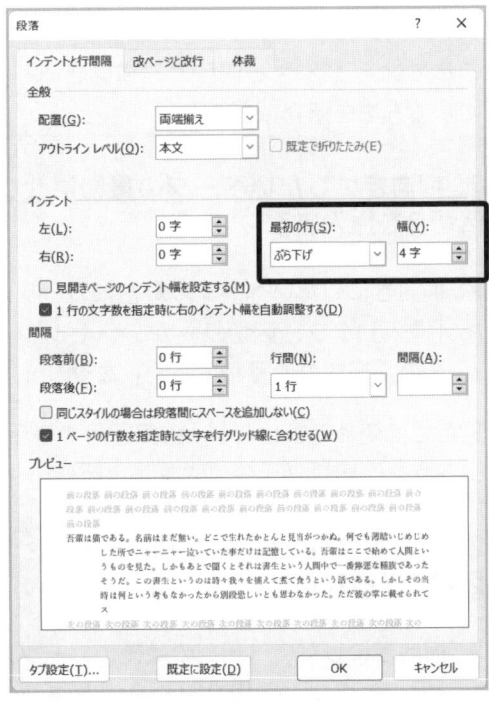

03 用紙の向きを一部分だけ変更しよう

途中でページを横向きにしたいなぁ。

一部だけページを横向きにするには、セクション区切りを使いましょう！

セクション区切りで、ページの向きを変更する

論文・レポートの途中で大きな図や表を挿入するときに、一部分のページを横向きにする方法を紹介します。ここでは、2, 3ページ目のみ横向きにする方法を紹介します。

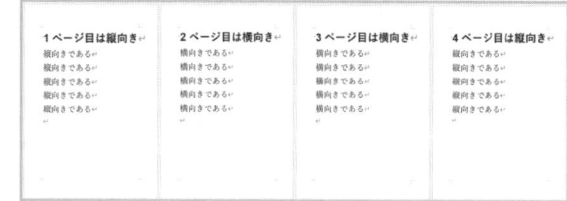

1. 横向きにしたいページの最初にセクション区切りを挿入する

▶ 横向きにしたいページの最初にカーソルを置く
▶ [挿入] タブ「区切り」から、セクション区切りの「現在の位置から開始」をクリック

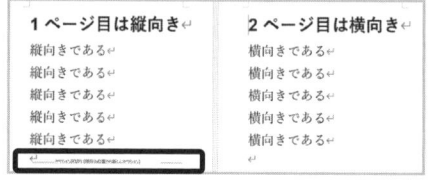

見た目は変わりませんが、**編集記号の表示** 参照p.81 をオンにすれば、前ページ末に「セクション区切り（現在の位置から新しいセクション）」が挿入されたことがわかります。

2. 横向きにしたいページの最後にセクション区切りを挿入する

▶ 横向きにしたいページの最後にカーソルを置く
▶ [挿入] タブ「区切り」から、セクション区切りの「現在の位置から開始」をクリック

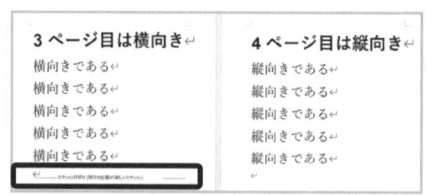

これでセクション区切りが挿入されました。

3. 用紙の向きを変更する

用紙の方向を横向きに変更したい箇所にカーソルを置き、[レイアウト]タブ「印刷の向き」で、「横向き」を指定します。

2, 3ページ目が横向きになった

すると、途中のページのみが横向きに変更されました。

04 カーソル移動・文字列の選択

 文字選択をマウスでドラッグすると、時間がかかるなぁ。
何か良い方法ないかな〜。

 文字列の選択には Shift を使えば、高速で操作できますよ！

Shift + ← ↓ ↑ → は、ドラッグ選択と同じ効果

Shift を押しながら ← ↓ ↑ → 矢印を押すと、ドラッグで選択したときと同じ動作をします。
いちいちマウスを使わずとも、簡単に文字を選択できます。

> ドラッグ選択と 同じ動作になる。↵

Shift + → を押すと…

> ドラッグ選択と 同じ動作になる。↵

1 文字選択される

> ドラッグ選択と 同じ動作になる。↵

さらに Shift + → で 2 文字選択できる

Ctrl + ← / → は、単語単位の移動

Ctrl を押しながら ← → 矢印を押すと、単語単位で移動できます。左右矢印を連打するよりも、高速でキリの良い位置にカーソルを移動できます。
Ctrl + Shift + ← / → の操作で、単語単位で選択できます。単語をダブルクリックしても、同様に単語単位で選択できます。

> 単語単位で 移動できる。↵

Ctrl + → を押すと…

> 単語単位で移動 できる。↵

1 単語移動する

> 単語単位で移動できる 。↵

さらに Ctrl + → で 2 単語移動できる

Ctrl＋↓／↑は、段落単位の移動

Ctrl を押しながら ↓ ↑ を押すと、直前・直後の段落の行頭に移動できます。上下矢印を連打するよりも、高速で移動できます。

Ctrl ＋ Shift ＋ ↓／↑ の操作で、段落単位で選択できます。段落をトリプルクリックしても、同様に段落単位で選択できます。

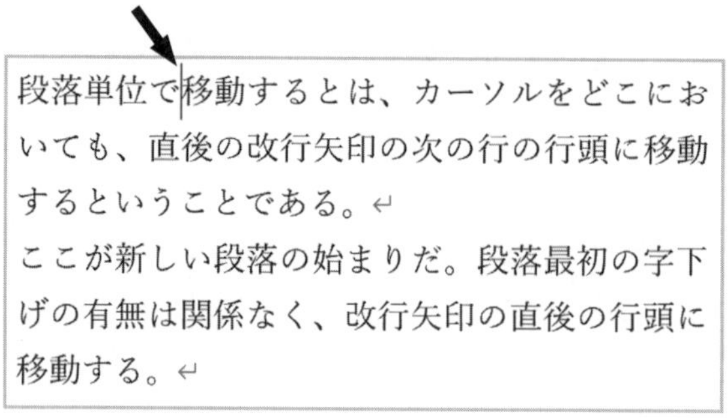

> 段落単位で移動するとは、カーソルをどこにおいても、直後の改行矢印の次の行の行頭に移動するということである。↵
> ここが新しい段落の始まりだ。段落最初の字下げの有無は関係なく、改行矢印の直後の行頭に移動する。↵

Ctrl ＋ ↓ を押すと…

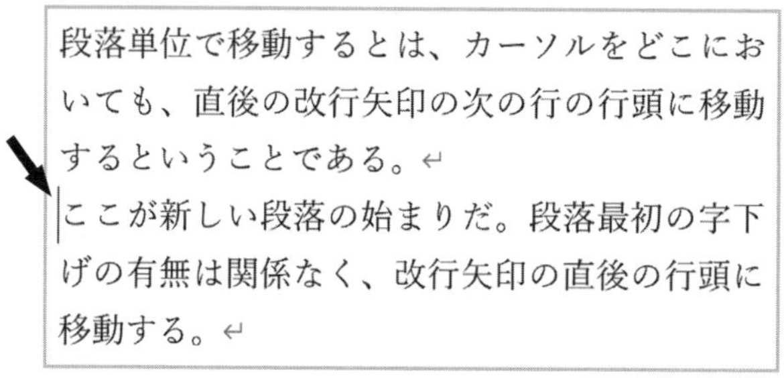

> 段落単位で移動するとは、カーソルをどこにおいても、直後の改行矢印の次の行の行頭に移動するということである。↵
> ここが新しい段落の始まりだ。段落最初の字下げの有無は関係なく、改行矢印の直後の行頭に移動する。↵

次の段落の行頭に移動できる

05 複数ファイルに分割して執筆しよう

 長い卒業論文を 1 つの Word ファイルにまとめると動きが重たいな…。

 章ごとに分けて執筆し、後から結合できますよ！

分割して執筆する

卒業論文のような長い文書は、章ごとに複数の Word ファイルに分割して執筆すると、作業しやすくなります。1 つのファイルに全て詰め込むと、ファイルサイズが大きくて Word の動作が重たくなることがあります。ファイルを分割して執筆し、最後に結合する方法を紹介します。この方法なら、分割した子ファイル（サブ文書）を編集した内容が、全体を取りまとめる親ファイル（マスター文書）に反映されるため、非常に便利です。

▶ 章ごとに執筆する

章ごとに分割して執筆します。全ての子ファイルで本書のテンプレートを使用すれば、後で結合するときにも書式を統一できます。
子ファイルに使用する章は、全て「見出し 1」のレベルを使用してください。子ファイルで、章の開始番号が「1」になっていても問題ありません。ファイルを結合すれば、章・節・項や図表・数式番号は、正しい連番が自動的に付きます。

ファイルを結合する

今回は「子ファイル 1.docx」「子ファイル 2.docx」「子ファイル 3.docx」という 3 つのファイルを用意しました。これを「親ファイル .docx」というファイルにまとめます。

1. 章ごとに分割して執筆したサブ文書を用意する

分割したファイルを用意します。これらの章番号は全て「1」になっていますが、それで問題ありません。

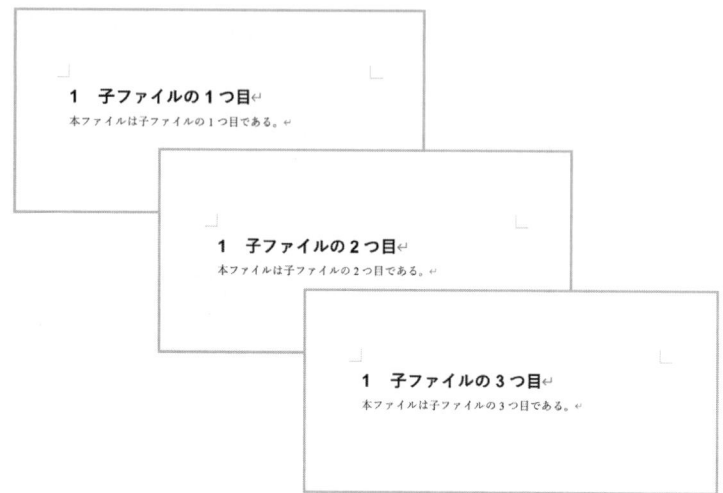

2. 全体を取りまとめる親ファイルを作成する

全体を取りまとめる親ファイルを作成します。今回は「親ファイル .docx」という名前にしました。また、「親ファイル」というタイトルを書きました。

3. マスターファイルをアウトラインモードで表示する

「親ファイル .docx」をアウトライン表示にします。

▶ ［表示］タブ
▶ アウトライン

すると、親ファイルが箇条書きのように表示されました。

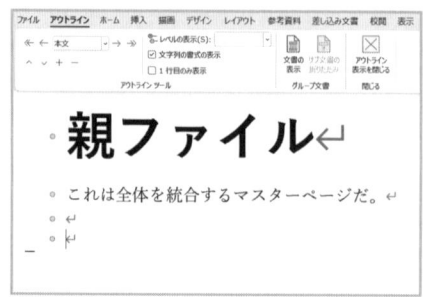

4. サブ文書を追加する

親ファイルの最下部の行にカーソルを置いた状態で次の操作をします。

▶ ［アウトライン］タブの「文書の表示」
▶ 挿入
▶ サブ文書（今回は「子ファイル1.docx」）
　を選択する
▶ 開く

すると、アウトラインに「子ファイル1.docx」の内容が反映されました。
同様に他のサブ文書（「子ファイル2.docx」「子ファイル3.docx」）も挿入します。
章番号が正しい連番になります。

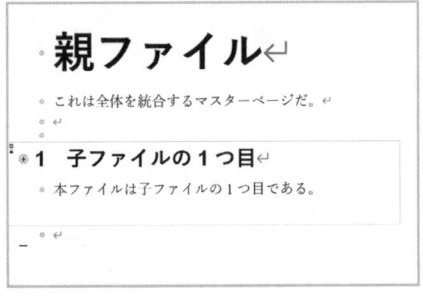

5. アウトライン表示を閉じる

「アウトライン表示を閉じる」で、通常の画面に戻ります。
これで、3つの子ファイルの内容が、親ファイルに反映されました。

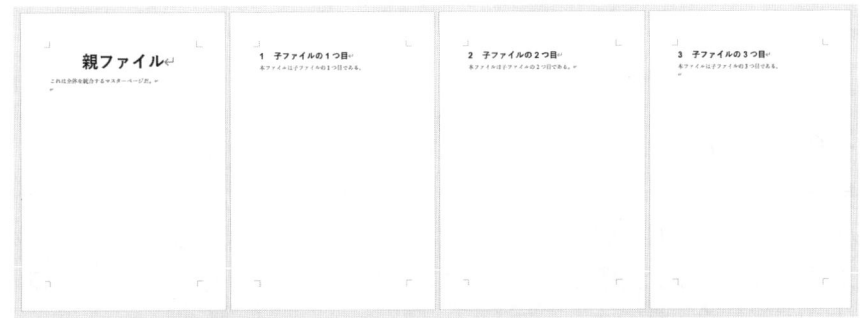

▶ 子ファイルを編集すると、親ファイルに反映される

「子ファイル1」に文章を追記して保存すると、親ファイルにも編集内容が反映されます。

第1章　レポートを書く前に
第2章　文献を探す・読む
第3章　快適な日本語入力
第4章　効率良く仕上げる
第5章　レポートの基本
第6章　ショートカットキー
第7章　数式
第8章　図
第9章　表
第10章　発展ワザ

> ## ! 注 意
>
> **親ファイルを再度開くと、子ファイルがハイパーリンク表示になる**
>
> 親ファイルを保存して一度閉じてから再度開くと、子ファイルがハイパーリンクで表示されます。そのときは、[表示] タブからアウトライン表示にして、「サブ文書の展開」をクリックすれば、子ファイルの内容が表示されます。

▶ 子ファイルのリンクを解除する

親ファイルは子ファイルの内容を参照して反映させています。これをリンクと呼びます。リンク状態では、子ファイルのファイル名や場所を変更したり、親ファイルのみを他人に共有したりすると、「サブ文書 子ファイル 1.docx が見つかりません。」のようなエラーが表示されてしまいます。そこで、子ファイルの全体が最終的に仕上がったら、親ファイルと子ファイルのリンクを解除します。リンクを解除すると、親ファイルのみを他人に共有できるようになります。リンクを解除以降は、子ファイルの編集内容を反映させることはできなくなります。内容を編集したいときは、親ファイルを直接編集しましょう。なお、リンクを一度解除すると元に戻せないため、注意しましょう。

1. 親ファイルを開く

2. サブ文書を展開する

▶ [表示] タブ「アウトライン」
▶ サブ文書の展開

3. リンクを解除する

「文書の表示」をクリックします。リンクを解除したいファイル（今回は子ファイル 1）をクリックして、カーソルを置きます。「リンク解除」を押せば、リンクが解除されます。リンクを解除すると、サブ文書を囲んでいた枠線が表示されなくなります。その他の文書も同様にリンクを解除します。

子ファイル 1 で「リンク解除」をクリックすると…

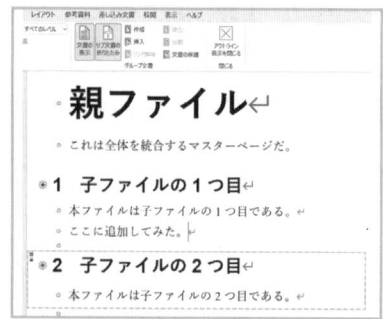

枠線が消えて、リンクが解除された

06 表の罫線スタイルを自力で設定しよう

 レポートテンプレートの表のスタイルが、
大学で指定された形式と異なるな…。

 表の罫線スタイルを自分で設定する方法を紹介します！

表の罫線スタイルの登録方法

「表の罫線を自動設定しよう」 参照 p.176 で紹介したように、表の罫線は自動で設定できます。本書では複数の罫線スタイルを用意しましたが、大学や学科で指定された形式とは異なる場合があります。そこで、表の罫線スタイルを登録する方法を紹介します。ここでは、「レポート用の表 1（2 本・1 本・1 本の罫線）」の作成方法を紹介します。

1. 適当な表を作成する

適当な大きさの表を作成します。

2. 新しい表のスタイルの設定

▶ 表内にカーソルを置く
▶ [テーブルデザイン] タブ
▶ 表のスタイルの「レポート用の表 1」を右クリック
▶ 「新しい表のスタイル」を選択する

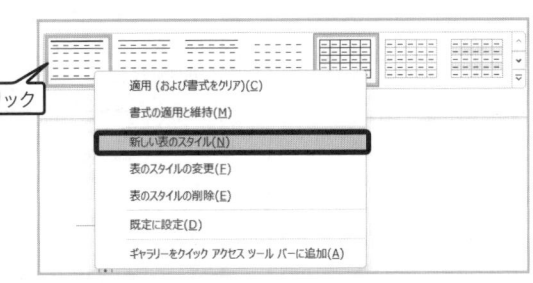

3. 各部分の罫線を設定する

表示された画面で、表の罫線を設定します。

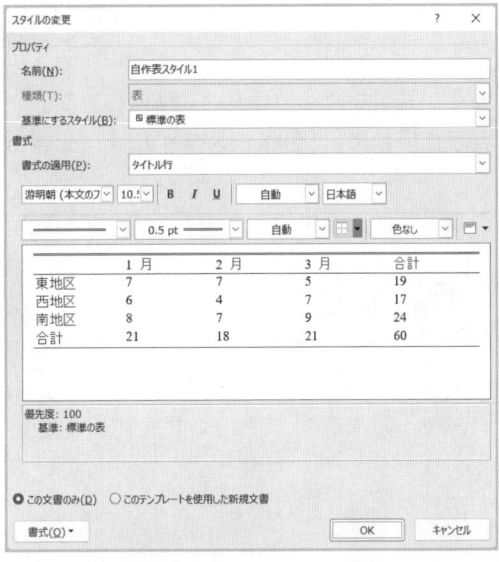

名前

適当な名前を設定します。ここでは「自作表スタイル1」とします

書式の適用

「表のどの部分の罫線を設定するか？」を定めます。横罫線を設定するには、次の3箇所（表全体・タイトル行・集計行）を設定すればよいです。

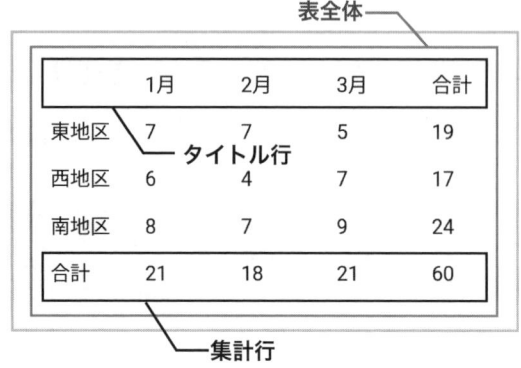

線の太さ

適切な線の太さを選びます。

罫線の位置を設定

「書式の適用」で指定した部分の、どの位置に罫線を引くかを選択します。
1回選択すると罫線が引かれ、再度選択すると、罫線が消去されます。

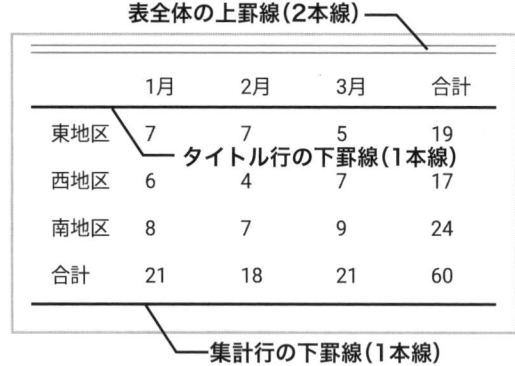

設定が完了したら「OK」で登録します。
表を作成して、「自作表スタイル1」を選択すれば、適用されます。

このように、自由に表の罫線を設定できます。

 注　意

うまく罫線を引けないときは

Wordのバグで、正しく罫線を引けない場合があります。そのときは、一度OKをクリックして、再度右クリックして「表のスタイルの変更」から何度かやり直すと正しく罫線を引けるようになります。

電気自動車は，本当に環境に優しいのか？
自動車の生産・走行・リサイクルまでの
CO_2 累計排出量から考える

1　序論

1.1　背景・動機

　電気自動車は，走行時の CO_2 の排出量が少ないという特徴から，地球温暖化の対策として世界で注目が集まっている．2021 年度における，日本の CO_2 排出量のうち，自動車（自家用・営業用・貨物）が占める割合は，14.6 ％である（国土交通省, 2023）．電気自動車は，走行時にガソリンを燃焼させないため，走行時の CO_2 排出量が 0 である．EU では，2022 年6 月に「2035 年以降にガソリン車を廃止して，全ての自動車を電気自動車に置き換える」と発表した（European Parliament, 2022）．走行時に CO_2 を排出するガソリン車から電気自動車に置き換えれば，「環境に優しい」と言われている．

　電気自動車は，発電時の CO_2 排出や，リチウムイオン電池の製造・廃棄に由来する廃棄物の量を考慮すると，本当に「環境に優しい」と言えるのかは，検証の余地がある．電気自動車を充電するには，大きな電力が欠かせない．日本国内の 2021 年度の全発電量のうち，火力発電（バイオマスを除く）が占める割合は 72.9 ％であった（経済産業省 資源エネルギー庁, 2023）．火力発電は，大量の CO_2 の発生を伴う．発電時に発生する CO_2 を累計すると，ガソリン車・ハイブリッドカーに比べて，CO_2 の排出量が大きくなる可能性がある．さらに，リチウムイオン電池は，レアメタルであるリチウム・コバルト・ニッケルを新たに採掘する必要があり，環境負荷が大きい．また，リチウムイオン電池のリサイクル方法が確立されていないという問題もある（日本経済新聞社, 2021）．発電時に発生する CO_2 やリサイクル処理を考慮に入れても，果たして本当に環境に優しいと言えるのだろうか．

1.2　本レポートの方針

　本レポートでは，電気自動車とガソリンを使用する車（ガソリン車・ハイブリッドカー）を比較して，日本国内で使用する上で，最も「環境に優しい」といえる車種はどれかを検討する．なお，本レポートでは，「環境に優しい」の観点を「CO_2 の累計排出量が少ないこと」と定義する．また，計算に考慮する車の使用段階によって，排出量が変化する．そこで，本レポートでは，以下の 4 段階についてそれぞれ検討する．

1. 自動車の生産段階
2. エネルギーの製造段階
3. 自動車の走行段階
4. 廃車処理の段階

（注釈）各段落の 1 文目には、段落全体の概略（トピックセンテンス）を書く

（注釈）問題点を指摘して「問い」を立てる段落。

（注釈）このレポートの「問い」を立てる。

（注釈）曖昧な言葉は、明確に定義を記す。

以上の視点で，電気自動車とガソリンを使用する車について，CO_2の排出量を比較・検討する．

1.3 車種の定義

　本レポートの燃費・電費計算で使用する車種は，2023 年上半期の日本国内における販売台数が最も多い車種を選定した．一般社団法人 日本自動車販売協会連合会が発表する「乗用車ブランド通称名別順位」を参考にして，2023 年時点で最も多く販売されている普通自動車（乗車定員 5 人）を選定した．表 1.1 に，ガソリン車・ハイブリッドカー・電気自動車について，車種や燃費・電費等を記す．なお，燃費・電費は，各メーカーが公表する諸元表から，「WLTC モード」による燃費測定方法で測定した燃費の値を使用した．WLTC（Worldwide-harmonized Light vehicles Test Cycle）モードとは，市街地・郊外・高速道路の 3 種類の走行パターンで構成された国際的な燃費測定方法で，実際の走行時に近い数値を得ることができる（日本自動車工業会，2023）．市街地・郊外・高速道路の各状況における燃費・電費の値も公表されている．

> 読者にとって馴染みのない用語は，用語の意味や定義を丁寧に記載する [参照 p.11]．

表 1.1　本レポートの計算で使用する普通自動車の車種と，燃費・電費

種別	ガソリン車	ハイブリッドカー	電気自動車
ブランド名	ヤリス	プリウス	リーフ
メーカー	トヨタ	トヨタ	日産
モデル	X (CVT 2WD, 1.5 L)	G (2WD, 2.0 L)	e+ X
燃費・電費（WLTC モード）	21.6 km/L	28.6 km/L	161 Wh/km
燃費・電費（市街地モード）	16.1 km/L	26.0 km/L	137 Wh/km
燃費・電費（郊外モード）	22.9 km/L	31.1 km/L	150 Wh/km
リチウムイオン電池容量	—	4.08 kWh	60 kWh

2　自動車のライフサイクル各段階における CO_2 排出量の推定

2.1 自動車部品生産工程における CO_2 排出量

　自動車生産工程に由来する CO_2 排出量を，複数の論文を用いて推定した．石崎・中野 (2018) をもとに，複数の論文から，各車種について特徴的な部品由来の CO_2 排出量を表 2.1 に示す．なお，本レポートで扱う特定の車種について，自動車の生産工程での CO_2 排出量のデータは公表されていなかったため，一般的な推計値とした．また，各車種に共通する部品（ボディなど）の生産工程における CO_2 排出量は，後述する「組立・処分・リサイクル」の項目に含めたため，計算の考慮に含めなかった．

表 2.1　各車種の排出量　（石崎・中野 (2018) をもとに作成）

車種	部品名	CO_2 排出量 [kg-CO_2]	出典
ガソリン車	ガソリンエンジン	130	Sullivan et al, 2015
ハイブリッドカー	エンジン	130	Sullivan et al, 2015
	モーター類	65.2	Burress, 2015
	コントロールユニット	17.5	Burress, 2015
	バッテリー	48.2	INL, 2016
電気自動車	バッテリー	480	Wang et al., 2016
	モーター	62	Nikowitz, 2016
	コントロールユニット	24.5	Nikowitz, 2016

表 2.2 に，各車種特有の部品生産時に発生する CO_2 排出量の合計値を示す．

表 2.2　各車種特有の部品を生産時の CO_2 排出量

	ガソリン車	ハイブリッドカー	電気自動車
CO_2 排出量 [t-CO_2]	0.013	0.261	0.567

2.2　日本におけるガソリン生産時・発電時に由来する CO_2 排出量

2.2.1　ガソリン 1 L の生産・輸送時の CO_2 排出量の推定

ガソリン 1 L 当たりの生産・輸送時に発生する CO_2 排出量の推定値は 0.412 kg-CO_2/L，生産・輸送・燃焼時に発生する CO_2 排出量の合計の推定値は 2.73 kg-CO_2/L であった．2021 年度のコスモ石油によると，石油のライフサイクルにおける CO_2 排出比率のうち，使用（燃焼）時が占める割合は全体の 84.91 % であった（コスモ石油，2023）．一方で，原油生産・原油輸送・製造・製品貯蔵・製品輸送等を合計すると，全体の 15.09 % であった．また，ガソリン 1 L を燃焼させる際に発生する CO_2 は，2.32 kg-CO_2/L である（才木・中沢，1990）．ガソリンと石油のライフサイクルにおける CO_2 排出比率が同じであると仮定する．以上の値を用いて，ガソリン 1 L の生産・輸送のために発生する CO_2 を式(2.1)で推定した．したがって，ガソリンを 1 L について，生産・輸送・燃焼時に発生する CO_2 を合計すると，2.32 + 0.412 = 2.73 [kg-CO_2/L]となる．

$$2.32\ [\text{kg-}CO_2/\text{L}] \times \frac{15.09}{84.91} = 0.412\ [\text{kg-}CO_2/\text{L}] \tag{2.1}$$

段落の 1 文目で、段落の全体の結論を先に述べておくと、読者は迷わず読めるようになる。

調べても不明な値は、公開されているデータを基に、仮定して推定する。

2.2.2 発電時の CO_2 排出量の推定

2021 年度の東京電力における CO_2 排出係数は 0.451 kg-CO_2/kWh であった（東京電力, 2022）. CO_2 排出係数とは，単位エネルギーを発電する際にあたりに発生する CO_2 の量を表す. 本レポートでは，発電時に発生する CO_2 の排出量を計算するために，日本の電力最大手である東京電力が公表する CO_2 排出係数の値を用いた.

> 読者にとって馴染みのない用語は，用語の意味や定義を丁寧に記載する [参照 p.11].

2.3 廃車時の排出量の推定

2.3.1 リチウムイオン電池リサイクル時の CO_2 排出量

Mia & Lisbeth (2017) によると，リチウムイオン電池リサイクル時 CO_2 排出量は電池の容量に比例し，バッテリーのリサイクル時の CO_2 排出量は 15 kg-CO_2/kW である. 表 2.3 に，各車種のリチウムイオン電池の廃棄時に発生する CO_2 排出量を示す.

表 2.3　リチウムイオン電池リサイクル時の CO_2 排出量

	ガソリン車	ハイブリッドカー	電気自動車
CO_2 排出量 [t-CO_2]	0	0.061	0.90

2.3.2 リチウムイオン電池以外の部品の組立・処分・リサイクル時の CO_2 排出量

IEA（国際エネルギー機関）によると，電池以外の「組立・処分・リサイクル」の過程で発生する CO_2 排出量は，ガソリン車は 0.99 t-CO_2，電気自動車は 1.00 t-CO_2 であった（IEA, 2020）. ハイブリッドカーに対する CO_2 排出量は言及がなかったため，電気自動車と同じ値であると仮定した. 電池以外の部品の組立・処分・リサイクルによって発生する CO_2 排出量の推定値を表 2.4 に示す.

表 2.4　電池以外の部品の組立・処分・リサイクルによって発生する CO_2 排出量の推定値

	ガソリン車	ハイブリッドカー	電気自動車
CO_2 排出量 [t-CO_2]	0.99	1.00	1.00

3　調査結果

10 年間で 10 万 km 走行した場合の，各段階で排出する CO_2 について 3 つの車種で比較した. なお，本章において計算に用いた燃費・電費は，WLTC モードにおける値を使用した.

3.1 エネルギー生産時由来を含めた，走行時の CO_2 排出量

10 年間で 10 万 km 走行した場合の，ガソリンの生産・発電時に由来する CO_2 排出量を含めた CO_2 排出量を計算する．3 車種それぞれについて計算した CO_2 排出量を表 3.1 に示す．1 km 走行時の CO_2 排出量を記号 W [kg-CO_2/km] で表す．ガソリンを使用して走行時の CO_2 排出量 W_F [kg-CO_2/km] は，燃費 F [km/L] を用いて式(3.1)で計算できる．同様に，発電時に由来する CO_2 排出量 W_E [kg-CO_2/km] は，電費 E [Wh/km] を用いて式(3.2)で計算できる．

$$W_F = \frac{2.73 \text{ kg-CO}_2/\text{L}}{F \text{ [km/L]}} \tag{3.1}$$

$$W_E = 0.451 \text{ kg-CO}_2/\text{kWh} \times E \times 10^{-3} \text{ [Wh/km]} \tag{3.2}$$

表 3.1　各車種による，1 km，および 10 万 km 走行時の CO_2 排出量

	ガソリン車	ハイブリッドカー	電気自動車
燃費・電費（WLTC モード）	21.6 km/L	28.6 km/L	161 Wh/km
1 km 走行時の CO_2 排出量 [kg-CO_2/km]	0.126	0.0955	0.0726
10 万 km 走行時の CO_2 排出量 [t-CO_2]	12.6	9.55	7.5

3.2 自動車の生産・走行・廃棄の全ライフサイクルにおける CO_2 排出量

自動車の生産から，10 万 km 走行して，リサイクル処理まで考慮したライフサイクル全体で CO_2 排出量を計算した．CO_2 の累計排出量が少ない順序は，電気自動車，ハイブリッドカー，ガソリン車の順になった．図 3.1 に 3 車種のライフサイクルの CO_2 排出量を示す．図 3.1 には，ガソリン車・ハイブリッドカーについて，CO_2 の累計排出量が電気自動車と同じになる時点での，累計走行距離および CO_2 の累計排出量を示した．ガソリン車は 1.09 万 km，ハイブリッドカーは 1.49 万 km 時点で，CO_2 の累計排出量が等しくなる．1 年間で 1 万 km 走行すると仮定すると，ガソリン車は約 1 年，ハイブリッドカーは約 1 年 6 ヶ月を過ぎると，CO_2 の累計排出量が電気自動車を上回ることが判明した．

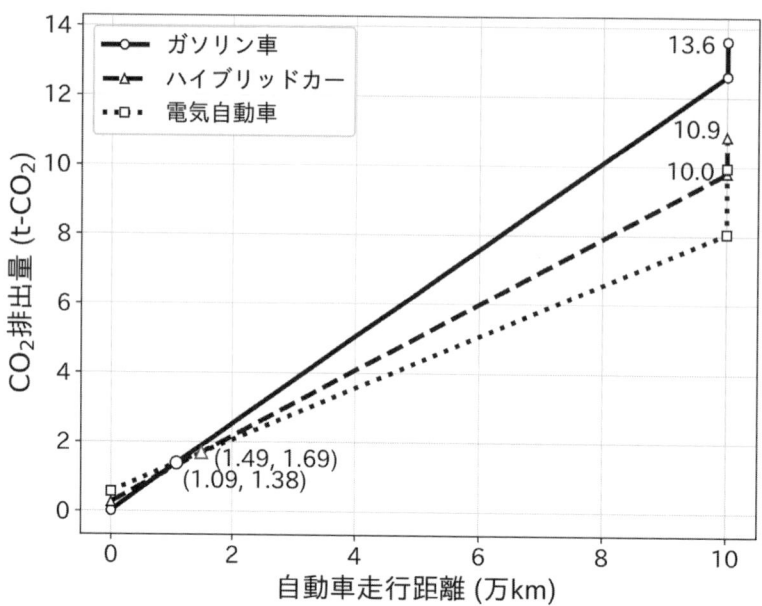

図 3.1　ガソリン車・ハイブリッドカー・電気自動車のライフサイクルにおける
CO_2 排出量の推定値
図中の座標は，グラフの線分の交点を表している．
CO_2 排出量が電気自動車と同じ値になる走行距離，
およびそのときの CO_2 の累計排出量を示している．

4　考察事項

4.1　2020 年度時点と，2030 年度時点で比較すると，CO_2 排出量はどのように異なるか？

時間軸による分解 [参照p.15]

　ガソリン車・ハイブリッドカーについて，2030 年度の燃費を推定する．国土交通省によって制定された，乗用車の 2020 年度平均燃費目標値は 20.3 km/L，2030 年度平均燃費目標値は 25.4 km/L である（日本自動車工業会, 2022）．仮に，この目標が達成されたとすると，2030 年度の乗用車の走行時の CO_2 排出量は，2020 年度と比べて単純計算で，25.4/20.3 = 0.80 倍になる．

　次に，電気自動車の2030年度の電費を推定する．2021年度の日本国内の全発電量のうち，火力発電（バイオマスを除く）が占める割合は72.9％であった　（経済産業省 資源エネルギ

一庁, 2023). また, 2030 年度の日本国内における全発電量のうち, 化石燃料由来の発電が占める割合の目標値は「41 %程度」とされている. 仮に, 2030 年度時点でこの目標電源構成比が達成されて, 発電時の CO_2 排出量が単純計算で$41/73 = 0.56$ 倍になると仮定する. 電気自動車が走行時に排出する CO_2 も 0.56 倍とする.

以上により, 2030 年度時点で, 10 万 km を走行した際に排出される CO_2 排出量の推定値を表 4.1 に示す. また, 燃費と電力構成比以外の値は変わらないと仮定して, 2030 年度時点における CO_2 の累計排出量を, 図 4.1 に示す. 図 3.1 と同様に, ガソリン車・ハイブリッドカーについて, CO_2 の累計排出量が電気自動車と同じになる時点での, 累計走行距離および CO_2 の累計排出量を示した. すると, ガソリン車・ハイブリッドカーともに, 0.94 万 km 時点で電気自動車と同じ累計排出量となった. 0.94 万 km を超えると, 電気自動車の方が CO_2 の累計排出量が少なくなることが判明した.

表 4.1　2030 年度時点で, 10 万 km 走行した際に発生する CO_2 排出量の推定値

	ガソリン車	ハイブリッドカー	電気自動車
10 万 km 走行時の CO_2 排出量 [t-CO_2]	11.1	8.8	6.7

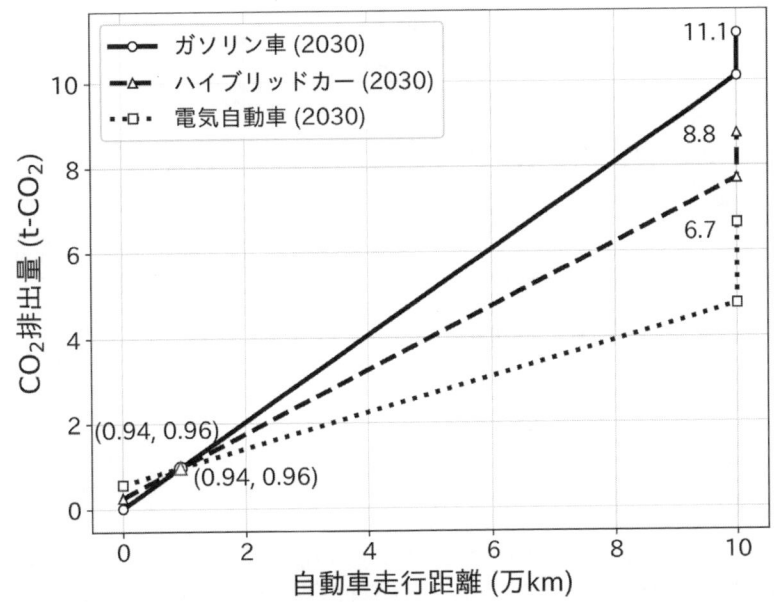

図 4.1　2030 年度時点の燃費および電力構成比から推定した, 自動車のライフサイクルにおける CO_2 排出量の推定値

次に，2020 年度時点と 2030 年度時点での CO_2 排出量の推定値を比較する．図 4.2 に 2020 年度時点と 2030 年度時点の CO_2 の累計排出量のグラフを重ねて示した．グラフからは，2030 年度時点のハイブリッドカーの累計排出量は，2020 年度時点の電気自動車よりも，累計排出量が少ないと読み取れる．つまり，ハイブリッドカーの技術向上が進めば，2020 年度の電気自動車よりも CO_2 排出量を小さくすることが期待できる．また，2030 年度時点での最終的な CO_2 の推定累計排出量について，電気自動車は 6.7 t，ガソリン車は 11.1 t と推定される．化石燃料が発電構成比に占める割合が減れば，2030 年度時点のガソリン車と比べて 40 %削減できることが期待できる．よって，日本全体で CO_2 排出量を削減するためには，発電構成比に占める化石燃料を減らすことと，電気自動車の普及の双方を進める必要があることがわかった．

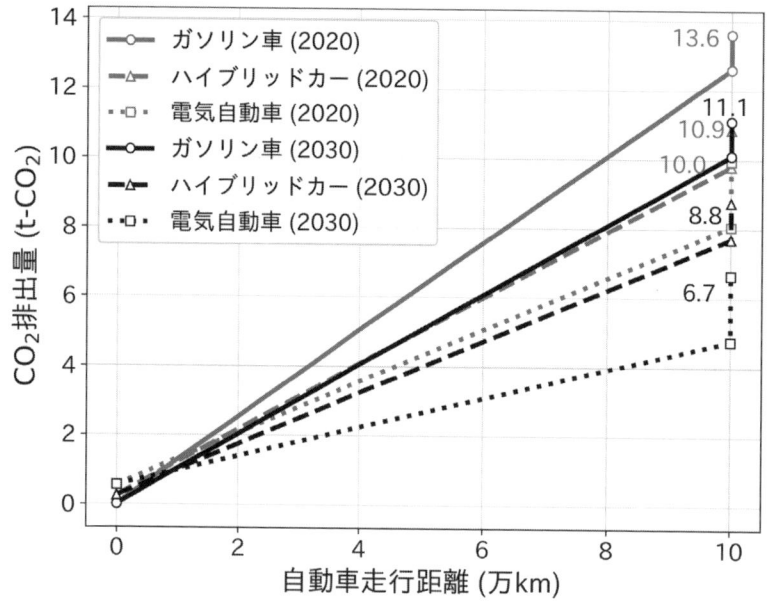

図 4.2　2020 年時点と 2030 年時点での，自動車のライフサイクルにおける CO_2 排出量の推定値の比較

5　結論

　本レポートでは，ガソリン車・ハイブリッドカー・電気自動車の 3 車種について，製造・走行・リサイクルの各段階の CO_2 排出量を比較・検討した．自動車の生産・エネルギー（ガソリン・電力）生成時から考慮して，廃車までの CO_2 の累積排出量が最も少なくて「環境に優しい」といえる自動車の種類は，電気自動車であった．化石燃料由来の発電方法が占める

観点と結論を簡潔に述べる。

割合が多い日本でも，電気自動車の方が CO_2 排出量が少ないという結果になった．また，2030 年度に燃費や発電電力構成比が改善された場合の CO_2 排出量を推定した場合にも，電気自動車が最も CO_2 排出量が少ないことが判明した．

電気自動車の普及を進める課題として，リチウムイオン電池の技術開発や，既存のガソリン車の廃車問題が挙げられる．車載用の大型リチウムイオン電池は，全てのリサイクル工程の技術が確立されているわけではない（日本経済新聞社, 2021）．さらにガソリン車を一律規制することで，大量のガソリン車が廃車となり，産業廃棄物が排出される可能性がある．そのため，急激に電気自動車に転換するのではなく，発電構成比の化石燃料の割合を減少させてから，電気自動車に徐々に転換するのが望ましいと考えられる．

> 今後の課題や、調査の余地などを記す。

6　参考文献

> 使用した参考文献の一覧をまとめる（今回はアルファベット順で並べた）。

コスモ石油 (2023)『事業活動における活動影響 2021 年度の活動負荷状況』参照先: コスモ石油: https://www.cosmo-energy.co.jp/ja/actions/sustainability/environment/lca.html

European Parliament (2022). MEPs back objective of zero emissions for cars and vans in 2035.

IEA (2020). Global EV Outlook 2020. IEA.

石崎啓太・中野 冠 (2018)『石崎啓太・中野 冠 (2018)『内燃機関自動車，ハイブリッド自動車，電気自動車，燃料電池自動車における車内空調を考慮した量産車両 LCCO2 排出量の比較分析』日本機械学会論文集, 306.

経済産業省 資源エネルギー庁 (2023 年 4 月 21 日). 『令和 3 年度（2021 年度）エネルギー需給実績（確報）. 参照先:経済産業省資源エネルギー庁:https://www.enecho.meti.go.jp/statistics/total_energy/results.html

経済産業省・環境省 (2021)『自動車リサイクルの現状』 経済産業省・環境省.

国土交通省 (2023)『運輸部門における二酸化炭素排出量』参照先: 国土交通省:https://www.mlit.go.jp/sogoseisaku/environment/sosei_environment_tk_000007.html

Mia, R., & Lisbeth, D. (2017). The Life Cycle Energy Consumption and Greenhouse Gas Emissionsfrom Lithium-Ion Batteries. *IVL, C*(243), 39.

日本経済新聞社 (2021)『電気自動車の時代、バッテリーのリサイクルが鍵に』日本経済新聞，2021 年 7 月 14 日.

日本自動車工業会 (2022)『2022 日本の自動車工業』 日本自動車工業会，15.

日本自動車工業会 (2023) 『日本自動車工業会 測定モード』 参照先: 一般社団法人 日本自動車工業会: https://www.jama.or.jp/operation/ecology/measuring/index.html

才木義夫・中沢 誠 (1990) 『ガソリン自動車の走行時における二酸化炭素排出量の推定』大気汚染学会誌, 25(4), 287-293.

東京電力 (2022) 『2021 年度の CO_2 排出係数について』参照先: 東京電力エナジーパートナー株式会社: https://www.tepco.co.jp/ep/notice/news/2022/1663624_8910.html，2022 年 8 月 5 日.

索 引

アルファベット

Arial ··· 94,99

CiNii Research ································· 33
CSL Editor ····································· 52
Ctrl+Enter ····································· 102

Dynalist ·· 24

Google Scholar ······························· 32
Google 日本語入力 ····························· 54

How 型 ·· 7,20

J-STAGE ·· 33

Mathpix ·· 156
Mendeley ·· 47
Mendeley Reference Maneger ··········· 47
MS ゴシック ··································· 100
MS 明朝 ·· 100

PDF ··· 67,112

Scopus ·· 33
Shift+Enter ···································· 103
Should 型 ······································ 7,20

Times New Roman ··························· 99

Unpaywall ······································ 33

Why 型 ·· 7,20

ア 行

アウトライン ·································· 17

印刷プレビュー ······························· 67
インデント ···································· 195
引用 ··· 40

上付き文字 ···································· 128

閲覧モード ····································· 66

欧文フォント ································· 98
オートコレクト機能 ························· 155

カ 行

解決型 ··· 7
解釈 ··· 11
解像度 ·· 158
化学式 ·· 149
書き言葉 ·· 12
学術情報検索サービス ····················· 32
箇条書きモード ······························· 104
仮説 ··· 21
間接引用 ·· 41

行 ··· 80
行列 ··· 134

空間軸による分解 ···························· 15

罫線スタイル ························· 176,205
結論 ··· 17,22
原因 ··· 7

考察 ··· 22
誤字脱字 ·· 64
異なる条件との比較 ························· 15
コメント機能 ··································· 68

サ 行

査読 ··· 30
参考文献リスト ······························· 51

時間軸による分解 ···························· 15
字下げ ································· 195,196
事実 ··· 11
指数表記 ·· 152
下付き文字 ···································· 128
実証型レポート ······························· 9
斜体 ··· 124
出典の表記 ···································· 42
小数点 ·· 182
ショートカットキー ························· 116
ショートカットキー一覧 ··················· 119
序論 ··· 17,21

数式の相互参照 …………………………… 145
スクリーンショット ……………………… 172
スタイル機能 ……………………………… 82
図番号 ……………………………………… 170
図表番号 …………………………………… 184
スラッシュ ………………………………… 132

説明型レポート …………………………… 9

相互参照 …………………………………… 188
総ページ数 ………………………………… 109

タ 行
タブ ………………………… 79,182,193
単位 ………………………………………… 125
段落 ………………………………………… 80
段落内改行 ………………………… 103,135

直接引用 …………………………………… 41
直立 ………………………………………… 124
著作権 ……………………………………… 159

問い ………………………………………… 7
等号位置 …………………………………… 136
トリミング ………………………………… 164

ハ 行
ハゲタカジャーナル ……………………… 31
話し言葉 …………………………………… 12
パラグラフ ………………………………… 39

表がページをまたがない ………………… 179

ファイルを結合する……………………… 201

フォント …………………………………… 98
ぶら下げ…………………………… 195,197
文献 ………………………………………… 30
分数 ………………………………………… 127

ページ番号 ………………………………… 106
編集記号 …………………………………… 81

本論 ………………………………… 17,21

マ 行
見直しの手順 ……………………………… 63

目次 ………………………………………… 110
文字スタイル ……………………………… 85

ヤ 行
游ゴシック ………………………………… 99
游明朝 ……………………………………… 99

ラ 行
ルーラー …………………………………… 194

レポートテンプレート …………………… 87
レポートの型による分類 ………………… 9
連立方程式 ………………………………… 133

論証型レポート …………………………… 9
論文 ………………………………………… 30
論文とレポートの違い …………………… 9

ワ 行
和文フォント ……………………………… 98

〈著者略歴〉

桑井　康行 （くわい やすゆき）

1998 年愛知県岡崎市出身。
神奈川県横浜市育ち。
神奈川県立横浜翠嵐高校卒業、
早稲田大学 創造理工学部 環境資源工学科卒業、
早稲田大学大学院 創造理工学研究科 地球・環境資源理工学専攻 物理探査工学研究室修了。
現在は、ベネッセコーポレーションにて進研ゼミ高校講座を担当。
Udemy にて LaTeX による論文作成講座や、UI デザイン講座を開講している。
日記を毎日平均 2600 文字以上書いている。
趣味・特技は、アカペラ・ピアノ・音響・スライドデザイン・フォント制作・習字・縄跳び・プログラミング。

● イラスト：円茂竹縄

- 本書の内容に関する質問は，オーム社ホームページの「サポート」から，「お問合せ」の「書籍に関するお問合せ」をご参照いただくか，または書状にてオーム社編集局宛にお願いします．お受けできる質問は本書で紹介した内容に限らせていただきます．なお，電話での質問にはお答えできませんので，あらかじめご了承ください．
- 万一，落丁・乱丁の場合は，送料当社負担でお取替えいたします．当社販売課宛にお送りください．
- 本書の一部の複写複製を希望される場合は，本書扉裏を参照してください．

JCOPY ＜出版者著作権管理機構 委託出版物＞

卒論・レポート Word 活用術

| 2023 年 9 月 4 日 | 第 1 版第 1 刷発行 |
| 2024 年 8 月 10 日 | 第 1 版第 3 刷発行 |

著　　者　　桑井康行
発 行 者　　村上和夫
発 行 所　　株式会社 オーム社
　　　　　　郵便番号　101-8460
　　　　　　東京都千代田区神田錦町 3-1
　　　　　　電話　03(3233)0641(代表)
　　　　　　URL　https://www.ohmsha.co.jp/

© 桑井康行 *2023*

印刷・製本　壮光舎印刷
ISBN978-4-274-23095-0　Printed in Japan

本書の感想募集　https://www.ohmsha.co.jp/kansou/

本書をお読みになった感想を上記サイトまでお寄せください．
お寄せいただいた方には，抽選でプレゼントを差し上げます．